KB252427

어느 멋진 날의
인테리어 소품 아이디어

어느 멋진 날의 인테리어 소품 아이디어

배연두 지음

팜파스

오랜만에 햇살이 반가운 오후예요. 이불을 햇살에 널어두고
어제 플라스틱통에 굳혀두었던 시멘트 별을 빼서 거실창문에 걸어주었어요.
보이는곳을 가꾸고 손으로 따스한 무언가를 만지작거리는걸 좋아하고 있어요.
거창하지 않지만 산책길에 주어온 나뭇잎 몇 개를 선반에 올려두거나
마음을 나눌 수 있는 선물을 직접 만드는 소소한 일들이
일상을 조금 더 싱그럽고 부드럽게 만들어준다는 느낌이 들었어요.

이런 작은 기쁨들을 같이 나눠 보고 싶어요.
소품을 만드는 일은 재료와 시간이 필요하고 때로는 번거로움으로
망설임까지 따라오기도 하지만 가벼운 마음으로 시작해보는건 어떨까요.
너무 재료나 과정에 구애받지 말고 내 느낌을 담은 소품을 만들어보세요.
나만의 소품을 계획하는 두근거림과 내손이 움직여 만드는 뿌듯함,
그리고 결과물이 주는 기쁨도 얻을 수 있는 멋진 하루가 될 거예요.

여기에 같이 만들어 보고 싶은 34가지 소품을 담았어요.
벌써 설레고 기대되요. 책을 천천히 살피고 눈으로 그림을 따라가고
무엇을 만들지 고민하는 시간들이 봄날처럼 따스하기를 바랍니다.

Oui 9021
ONEFINEDAY

CONTENTS
인테리어 소품 만들기

PART 01
거친 질감의 시크한 매력 시멘트

PART 02
순수하고 청아한 파우더 석고

소품 만들기의 6가지 재료

모던한 소품이 만들어지는 시멘트부터 내추럴한 자연물까지 6가지 재료로 소품을 만들어볼 거예요.
6가지 재료는 저마다 다른 성질과 매력이 있어요. 첫 번째 재료인 시멘트는 조금 낯설게 느껴지지만 한 번 만들어보면 쉽고 간단한 과정과 매력적인 완성품에 푹 빠지게 될거예요. 석고는 언제나 정갈하고 방향, 탈취, 제습 등의 기특한 효과가 있어서 기능적인 소품을 만들 수 있죠. 어린 시절 기억이 새록새록 나는 지점토는 쉽고 간단하게 모던한 소품을 만들 수 있는 최고의 재료이고, 포근함이 필요할 때는 언제나 패브릭, 자연이 주는 재료는 집 안을 더없이 싱그럽고 생기 넘치게 해요.
그리고 택배종이나 못 쓰는 컵을 사용한 만들기는 재활용의 새로운 매력을 느낄수 있을 거예요.

여기에는 제가 만드는 방법이 그대로 나와 있지만 약속이나 정답은 없어요.
이 다양한 재료들을 사용해서 나의 공간을 채워줄 나만의 소품을 만들어보아요.
재료들을 한번 다뤄보면 실용적이고 반짝이는 또 다른 아이디어가 넘치게 될 거예요.

그림으로 만드는 과정

필요한 준비물과 만드는 과정들이 그림으로 설명되어 있어요.
소품을 만드는 과정이 조금 더 가볍고 즐거울 수 있기를 바라는 마음으로
그림을 그리고 사진을 찍고 말풍선에 설명을 적어 보았어요.
여기있는 캐릭터들도 함께할 거예요. 그럼 이제 즐거운 인테리어 소품 만들기 시작해요.

Make me!
ONEFINEDAY

01
거친 질감의 시크한 매력
시멘트

● **시멘트** _재료 설명

시멘트 / 몰탈 시멘트 / 콘크리트

시멘트는 석회, 알루미나, 산화철 등을 혼합하여 만든 가루로 물과 섞어 사용해요. 이 시멘트에 여러 가지 골재를 섞어 성질과 쓰임이 다양해지는데, 시멘트에 모래를 섞으면 몰탈 시멘트, 자갈과 모래를 섞으면 콘크리트예요. 굵은 골재를 섞은 콘크리트는 매우 단단해서 건축재료로 사용되고 있어요.

재료 선택

이제 사용할 재료를 선택해보아요. 시멘트는 고운 가루 형태로 매끈하고 부드러운 느낌의 소품이, 몰탈 시멘트는 모래 알갱이 때문에 조금 거친 질감의 소품이 만들어져요. 두 재료 모두 다른 느낌의 매력이 있어요. 만들고 싶은 재료로 선택해주세요.

빨리 굳는 시멘트

일반적인 시멘트는 완전히 굳는 데 하루 정도 시간이 필요하고 날씨에 따라 더 걸리기도 해요. 그에 비해 빨리 굳는 시멘트는 10~20분 정도면 굳기 때문에 집에서 간단한 보수작업 등을 하기에 참 편해요. 하지만 물을 넣고 굳는 시간이 너무 짧기 때문에 시간이 필요한 작업(색반죽 등)에는 어려움이 있어요. 작업 과정이 긴 소품을 만들 때는 일반 시멘트 또는 몰탈 시멘트를 사용해 주세요. 여기서 빨리 굳는 시멘트는 티라이트용 캔들 홀더에 사용했어요.

▲ 몰탈 시멘트와 시멘트의 질감 차이

반죽하기

시멘트와 몰탈 시멘트 모두 물과 섞어 반죽을 만들어요. 컵에 필요한 양의 가루를 넣고 물을 넣어가면서
부드러운 요거트와 같은 질감으로 만들어주세요. 여기서는 몰탈 시멘트와 물을 5:3으로 사용했어요.
이 비율은 시멘트의 종류와 제조회사마다 조금씩 차이가 있으니 제품설명서를 참고해주세요.

틀 사용하기

시멘트는 형태를 만들기 위해 틀이 필요해요. 음료수병, 과자상자, 아이스크림 통 등 일회용기를 사용해
만들어보고, 필름지로 원하는 모양의 틀도 만들어서 다양한 형태의 시멘트 소품을 만들어볼게요.

마무리

시멘트의 마무리 작업, 코팅을 해주면 가루날림 없이 편하게
사용할 수 있고 바닥에 흠이 나는 걸 방지할 수 있어요.
간편하게 물에 섞어 바를 수 있는 수성 바니시를 사용해보아요.

▲ 수성 바니시로 코팅한 시멘트

마스크와 장갑

시멘트 작업을 할 때는
불편하고 답답하더라도 꼭 마스크를 써주세요.
장갑과 앞치마도 해주면 준비 끝!

Make me!
시멘트 캔들 홀더
● 작업시간 : 20분 (+시멘트 굳는 시간 10~12시간)

시멘트 - 재활용 틀 1개를 이용한 만들기

요즘 캔들을 좋아하면서 갖고 싶게 된 시멘트 캔들 홀더!
시멘트가루만 있다면 집에서 정말 간단하게 만들 수 있어요.
물과 섞은 반죽을 틀에 넣어주면 담긴 모양대로 굳어지는 성질을 이용한 만들기예요.
지금 만들 홀더는 주변에서 쉽게 구할 수 있는 종이컵과 휴지 심을 사용해볼게요.
여러 가지 다른 모양의 용기로도 응용할 수 있어요.
그럼, 지금 시작해보아요.♬

종이컵으로 만들기

1. 컵에 시멘트 가루와 물을 넣고,

2. 잘 섞어서 시멘트 반죽 완성!

3. 이제 종이컵에 반죽을 부어준 뒤,

4. 랩을 씌운 초를 꽂아주기

5. 2~3시간쯤 굳은 후에 초를 살살 돌려서 빼주고

6. 완전히 굳혀주기

휴지 심으로 만들기

7. 이제 휴지 심 준비! 두꺼운 종이(택배상자, 재활용 종이 상자 등)를 잘라 바닥을 막아준 뒤,

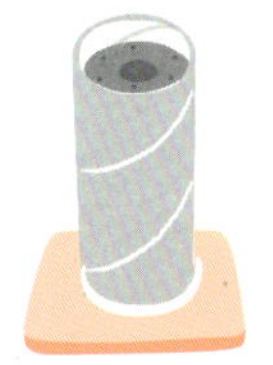

8. 위와 같은 방법으로 반죽을 넣어 굳혀주기

9. 하루 정도 완전히 굳힌 후,

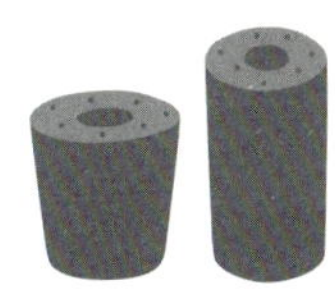

10. 틀 조심히 벗겨내기

11. 초를 꽂아 완성!

Cement candle holder

짠! 종이컵과 휴지 심으로 만들 캔들 홀더!
막대 초를 하나씩 꽂아서 책상 위에 올려주었어요.
예전 건물 외벽이나 도로 공사장에서 보았던 시멘트가
이렇게 집 안에 들어오면 새로운 느낌을 주는 것 같아요.
시멘트만의 차갑고 거친 질감을 좋아하고 있었다면
오늘 캔들 홀더를 만들어보세요.
시크한 매력이 넘치는 소품이 될 거예요.

▲ 종이컵, 휴지 심 외 우유팩,
요구르트, 요플레 통 등 종이나
플라스틱 용기를 사용해보세요.

별 새기기 우선 두께가 있는 종이를 별 모양으로 자른 뒤 휴지 심 안쪽에 딱풀로 꼼꼼하게 붙여주세요.
그 뒤에 반죽을 부어 굳히면 별 모양이 새겨진 홀더를 만들 수 있어요.
글씨를 새겨 넣거나 좋아하는 모양을 넣어보세요.

티라이트 캔들 홀더 휴지 심에 반죽을 반쯤 채운 뒤 막대 초 대신 티라이트 캔들을 넣어주세요.
작고 귀여워서 쓰임이 많은 홀더가 만들어져요.

check! 작업하기 전, 휴지 심에 티라이트 캔들이 여유 있게 쏙 들어가는지 확인해주세요.
휴지 심이 작으면 지름이 큰 키친타월 심을 사용해주세요.

Make me!
시멘트 모던화분

● 작업시간 : 30분 (+시멘트 굳는 시간 10~12시간)

시멘트 - 재활용 틀 2개를 이용한 만들기 / 컬러링

시멘트와 초록식물이 만났어요.
이번에는 틀 2개로 화분을 만들어볼게요.
물 빠짐이 좋아야 하는 다육이부터 수중식물까지 모두 키울 수 있고
튼튼하고 관리가 쉬워서 자꾸 만들게 되는 화분이에요.
회색빛 시멘트 화분에 식물을 키우면 서로 다른 느낌이라 그런지
초록 잎들이 더 돋보이고 싱그러워 보이는 것 같아요.
집에 분갈이를 기다리고 있는 초록이들이 있다면, 오늘 시멘트 화분을 만들어보아요.

이렇게 필요해요!

1. 용기 2개와 뚜껑을 준비하고,

2. 접착제로 순서대로 붙여서 틀 완성!

3. 이형제 발라주기

4. 이제 시멘트 반죽 넣기

5. 바닥을 가볍게 두드려 틀 안의 기포 빼주기

6. 완전히 굳은 후 틀에서 살살 꺼내기

7. 마무리! 거친 부분은 고운사포로 갈아주고 흐르는 물에 살짝 씻어 건조시키면~

8. 완성!

Cement Modern Pot

완성된 화분바닥에 마사토를 깔고 식물을 넣어주세요. 남은공간은
배양토로 차곡차곡 채워서 분갈이 끝! 기본 화분 모양이지만 시멘트의
색과 질감이 더해져 모던하고 색다른 느낌의 소품이 만들어져요.
이제 물 듬뿍 주기! 시멘트로 만든 화분은 물을 주면 첫 번째 사진처럼
울긋불긋 물이 스며들 거예요. 이 자연스러운 번짐은 시멘트 화분의
매력 중 하나인데 이건 방수제 (다음 편)로 방지할 수도 있어요.

식물을 키우다보면 놓치지 않고 해줘야 하는 분갈이,
시멘트로 만들어서 옮겨 심어보세요. 화분이 새로워질 거예요.

💗 분갈이를 마친 화분은 물을 충분히 주고 반그늘에서 이틀 정도 쉬게 해주세요.

🔺 병뚜껑을 틀 사이에 넣어주면
이렇게 물구멍을 만들 수 있어요.

큰 화분　쓰지 않는 바가지를 겉틀로 사용해 만들었어요.

컬러링　화분이 심심하다고 느껴지면 아크릴 물감으로 색을 칠해주세요.
칠하기 전에 종이테이프로 테두리를 막아주면 쉽고 깨끗하게 칠할 수 있어요.

버터상자　종이 버터상자를 겉틀로 사용한 화분, 네모난 형태도 시멘트와 잘 어울려요.
이 화분에는 금색 아크릴 물감으로 삼각형을 칠해보았어요.

Make me!
방수 시멘트 화병

● 작업시간 : 30분 (+ 시멘트 굳는 시간 10~12시간)

시멘트 - 방수가 되는 시멘트 / 시멘트의 질감 살려서 만들기

우리가 사용하는 시멘트는 물을 잘 흡수해요.
그래서 이번에는 방수제를 넣어 물에 강한 시멘트 반죽을 만들어볼 거예요.
그럼 오랫동안 물을 담아 놓아도 스며듦 걱정 없이 사용할 수 있겠죠.
저번 시간에 만든 화분처럼 물을 주어도 얼룩덜룩해지지 않는
보송보송한 시멘트 화병을 지금 만들어보아요. ♬

1. 용기의 입구를 잘라서 준비하고,

2. 물과 방수제를 1:1 비율로 넣어 잘 섞어주기

3. 이제 물+방수제를 시멘트 가루와 섞어주면 반죽 완성!

4. 용기의 2/3 정도 반죽을 채우고,

5. 안틀을 쑤욱~ 넣어주기

6. 바닥을 가볍게 두드려 반죽 안의 기포 빼주기

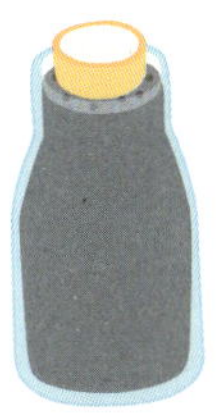

7. 이제 건조시키기

8. 4~5시간 쯤 후, 안틀 빼고 계속 건조

9. 완전히 건조 후, 틀 제거하기

10. 거친 부분은 고운 사포로 갈아주고, 흐르는 물에 살짝 씻어주면 완성!

Concrete Flower Vase

빈 우유통으로 만든 화병이 완성! 표면에 울퉁불퉁 크고 작은 구멍들이 보여요.
시멘트는 매끈하고 단정한 느낌도 좋지만 이렇게 거칠게 만들면 또 다른 매력이 생겨요.
화병 같은 질감을 살리고 싶다면, ⟨반죽의 되기⟩를 조절해주세요.
평소보다 물을 조금 적게 섞어주고 과정 6작업을 생략해주면 반죽에 공기가 많이 들어가서
거친 질감을 낼 수 있어요. 하지만 반죽 사이에 공간이 너무 많이 생기면 형태가 부서지거나
틈이 생겨 완성 후에도 물이 샐 수 있으니 반죽을 틀에 부을 때는 꼼꼼하게 넣어주세요.
이제 물을 담아 꽃과 잎 꽂아주기!
방수가 되기 때문에 물이 스며들거나 색이 변하지 않아요.
천 위나 나무 탁자에 올려서 보송하게 사용해보세요.

다양한 형태와 질감

반죽을 넣는 틀의 모양대로 화분이 짠! 시멘트 가루만 있다면 정말 쉽게 만들 수 있어요.
이번에는 반죽의 되기를 조절해보세요. 반죽이 부드러우면 입자가 고르고 매끈한 화병이,
반죽이 되직하면 화산석처럼 울퉁불퉁 구멍을 가진 화병이 만들어질 거예요.

컨테이너 화병

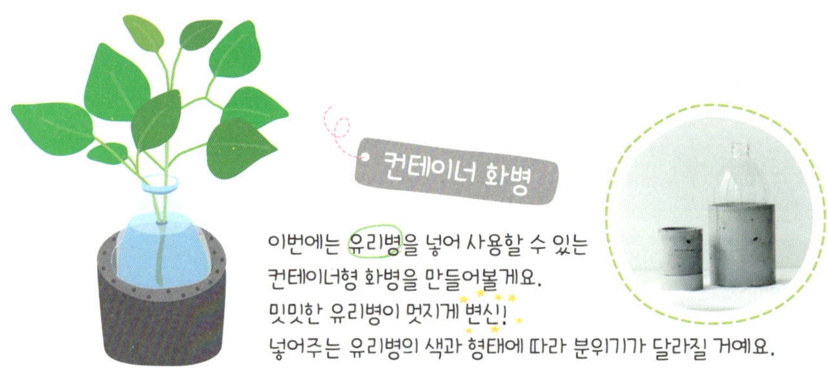

이번에는 유리병을 넣어 사용할 수 있는
컨테이너형 화병을 만들어볼게요.
밋밋한 유리병이 멋지게 변신!
넣어주는 유리병의 색과 형태에 따라 분위기가 달라질 거예요.

이렇게 필요해요!

1. 겉틀과 안틀이 되는 재활용통 2개

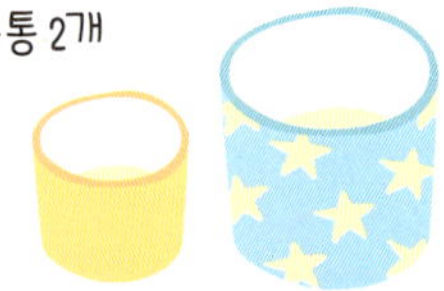

2. 시멘트 가루

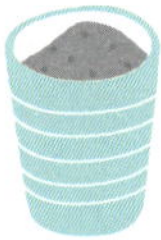

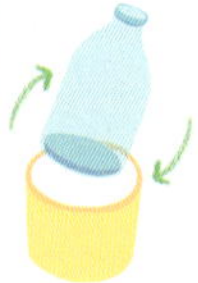

3. 유리병

안틀로 사용할 작은 용기는 유리병을 쉽게 넣고 뺄 수 있도록 **유리병보다 큰 사이즈**로 선택해주세요.

굳히는 중간에 안틀이 위로 올라온다면 안틀에 **동전**을 넣거나 **책**을 올려서 눌러주세요. 반죽에 물기가 많을수록 잘 올라와요.

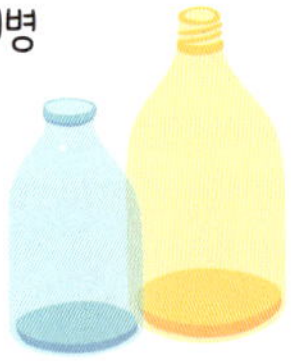

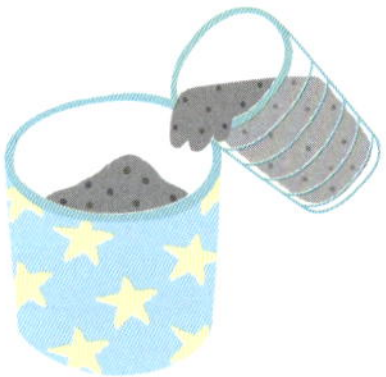

1. 큰 용기에 시멘트 반죽을 담고,

2. 작은 용기 쏙 넣어주기

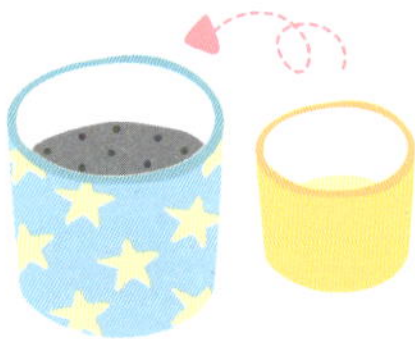

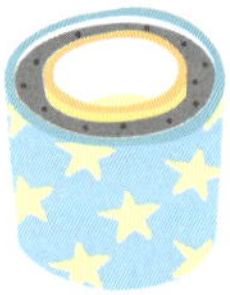

3. 굳히는 중

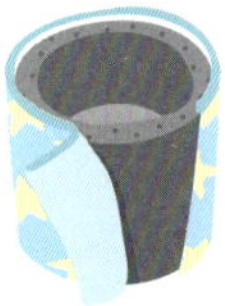

4. 완전히 굳은 후, 틀을 제거하면

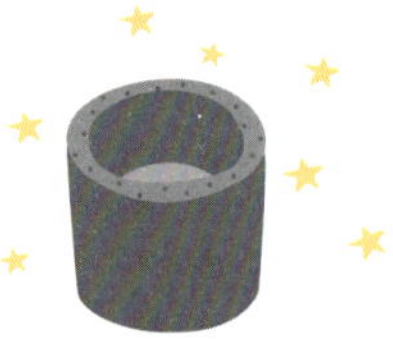

5. 완성!

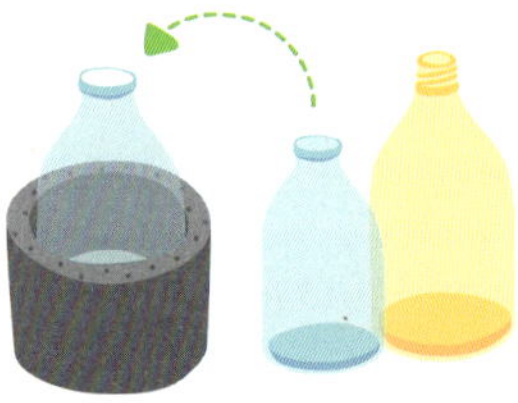

6. 유리병을 쏘옥~ 넣어 사용하기♬

Flower Vase Container

유리병을 넣어 사용할 수 있는 화병이에요.
플라스틱 생수 병, 탄산음료 병, 소스 통, 물컵 모두 넣어 사용할 수 있어요.
시멘트와 투명한 유리가 만나니 더 특별한 분위기가 나는 거 같아요.
이제 물을 담아 화사한 꽃이나 싱그러운 잎가지를 꽂아 사용해보세요.
유리병만 쏙 빼서 세척할 수 있어서 관리도 참 편해요.

flowers!
cement flower vases

Make me!
시멘트 별 오너먼트

● 작업시간 : 20분 (+ 시멘트 굳는 시간 10~12시간)

시멘트 - 쿠키 틀을 사용한 만들기 / 시멘트 색 넣기

모양이 있는 실리콘 틀로 반짝반짝 별 모빌을 만들어보아요.
창가에 걸어두고 비오는 날 바라보고 있으면 기분이 좋아지는 별이에요.
아크릴 물감을 이용해 시멘트 반죽색도 조금씩 바꿔볼게요.

1. 실리콘 틀은 작은 붓으로
   오일 발라서 준비

2. 빨대는 실리콘 틀 높이보다
   길게 잘라서 준비

3. 이제 색이 들어간
   시멘트 반죽 만들기!

색 반죽 만들기

4. 시멘트 가루와 물을 섞어 반죽을 만든 뒤, 종이컵에 나눠 넣기
   원하는 색의 물감을 넣어서 골고루 잘 섞어주면 색 반죽이 완성!

5. 이제 색 반죽을
   실리콘 틀에 각각 부어주기

6. 기포가 빠지도록
   바닥을 가볍게 쳐주기

7. 준비한 빨대를 원하는 위치에
   꾹~ 바닥까지 닿도록
   눌러 넣어주기

8. 굳히는 중!
   완전히 굳으면 틀에서 꺼내
   빨대 조심히 빼주기

9. 마무리 작업!
   거친 부분을 사포로 다듬고
   물로 씻어 건조시킨 후

10. 끈을 달아 완성!

Cement Star Mobile 

비가 내리는 날 반짝 별.
좋아하는 글이나 그림을 그려 라벨처럼 달아주세요.
선명한 색감의 끈을 사용하면 별이 더 또렷해져요.
날이 흐려지고 하늘에 비가 내리면 더 예뻐 보이는 시멘트 별,
오늘 만들어서 창가에 달아주세요.

반죽에 여러 가지 색의 물감
을 섞어보세요. 파랑과 초록
의 물감을 넣으면 빈티지한
느낌의 시멘트가 만들어져요.

나무+별 오너먼트 실리콘 틀에 반죽을 부어 굳히면 쏙쏙 나오는 나무와 별.
창틀과 선반에 올려두면 겨울에는 크리스마스 장식이 돼요.

트리 모빌 눈이 내리는 날 트리 모빌.
모빌은 매달았을 때 끈의 중심이 잘 맞아야 한쪽으로 치우치거나 뒤집어지지 않아요.
반죽에 빨대를 꽂을 때 중심을 잘 맞춰주세요.

Make me!
곰돌이 시멘트 연필꽂이

● 작업시간 : 30분 (+ 시멘트 굳는 시간 10~12시간)

시멘트 - 모양이 있는 일회용 통을 사용한 만들기

마트에서 달콤한 시럽이 담겨 있는 곰돌이를 발견했어요.
우선 집으로 데려와 맛있게 먹기!
그리고 오늘 이 곰돌이 통으로 시멘트 연필꽂이를 만들어볼 거예요.
우리가 지금까지 시멘트로 만들었던 모양은 기본적인 원과 네모 형태였지만
이렇게 복잡한 모양의 용기도 같은 방법으로 만들 수 있어요.
귀여운 곰돌이가 시크한 시멘트 옷을 입고 나오면 어떨지 궁금해져요.
그럼, 시작해보아요 ♬

이렇게 필요해요!

1. 모양이 있는
일회용 통

음료수나
소스, 시럽 통 등
벗겨낼 수 있는
얇은 플라스틱 재질의
모양이 있는 통을
준비해주세요.

2. 안쪽 틀로 사용할
긴 원통

3. 시멘트 가루

1. 컵에 시멘트 가루와 물 넣고,

2. 잘 섞어주기

3. 곰돌이 통 등장!

4. 시멘트 반죽을 통의 2/3 정도 넣어주고,

5. 안틀을 쑤욱~ 밀어 넣어주기

6. 이제 건조시키기

7. 4~5시간쯤 후, 안틀 빼고 계속 건조

8. 완전히 건조 후 틀을 제거하면~ 완성!

Cemente Pencil Vase

짠! 시크한 곰돌이 한 마리가 책상 위에 올라왔어요.
시멘트로 만들어서 묵직하고 안정감이 있는 연필꽂이예요.
이렇게 모양이 복잡한 틀로 만들 때는, 반죽이 좁은 구석까지
꼼꼼히 들어가게 넣어주고 바닥에 통통 쳐서 기포를 충분히
빼주세요. 반질반질 매끈한 곰돌이가 완성될 거예요.

옆에 두고 자주 쓰다듬고 싶어지는 연필꽂이,
편의점과 마트에서 마음에 드는 음료수 병이나 소스, 시럽 통을
찾아서 한번 만들어보세요.

북유럽 소품 북유럽 인테리어를 보면 이런 동물을 모티브로 한 소품들이 많은 거 같아요.
책상 위나 탁자에 올려두는 것만으로 공간이 특별해지는 느낌이에요.
시멘트와 귀여운 동물의 조금 어색하지만 매력있는 조합! 화병으로도 사용해보세요.

Make me!
시멘트 책상용품 세트

● 기하학 모양의 문진과 책상소품
● 작업시간 : 50분 (+ 시멘트 굳는 시간 10~12시간)

시멘트 - 기하학 모양의 틀 만들기 / 마감과 코팅

작년 파리방브 벼룩시장에서 보았던 묵직하고 반질반질하던 다이아몬드 모양의 문진!
갖고 싶었지만 너무나 무거워 들고 다니기 힘들 것 같아 그냥 올 수밖에 없었어요.
지금도 가끔 생각나는 그 문진을 오늘 시멘트로 같이 만들어보아요.
반죽을 부어줄 다이아몬드 틀은 필름지로 만들어줄 거예요.
이 필름지를 이용해서 메모꽂이와 연필꽂이도 같이 만들어보아요.

이렇게 필요해요!

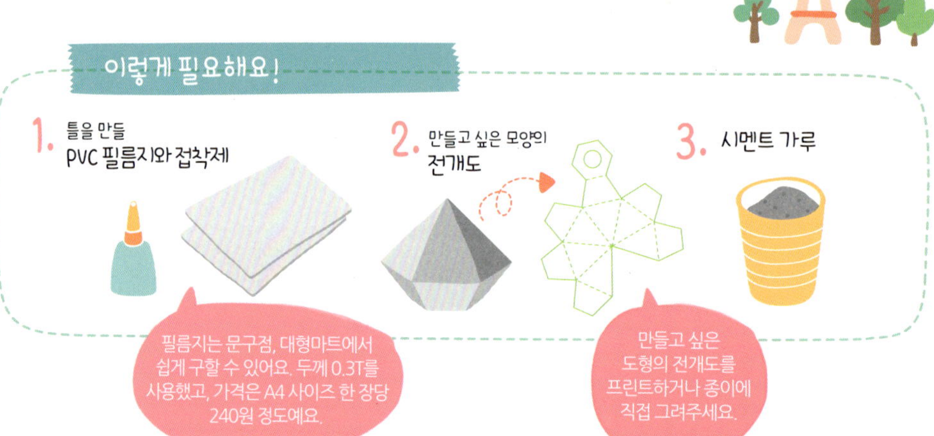

필름지 틀 만들기

1. 프린트한 도면과 필름을 테이프로 잘 고정하고,

2. 도면을 따라 칼로 자른 후,

3. 모양대로 접어서 붙이기

4. 반죽이 들어갈 구멍만 남긴 뒤 약한 부분은 테이프로 다시 덧대 붙이면 필름지 틀 완성!

5. 이제 시멘트 반죽 넣어주기

6. 완전히 굳은 후, 틀에서 조심히 꺼내기

반짝반짝 코팅하기

7. 거친 부분을 사포로 다듬고 물로 씻어 건조시킨 후~

8. 바니시로 반짝반짝 코팅해서 완성!

Cement Paper Weights

짠! 다이아몬드 시멘트 문진!

쇠 문진만큼은 아니지만 무게감이 있어서 문진으로 사용하기 충분해요.

게다가 반짝반짝 윤이 나서 그런지 지금까지 만들던 시멘트와는 다른 매력이 있어요.

시멘트로 만든 소품은 사포로 깨끗이 정리해줘도 계속 사용하다 보면 모서리가 부서져

떨어지기도 하고 가루가 묻어나기도 해요.

이렇게 코팅을 한번 해주면 시멘트의 단점도 막을 수 있고 소품의 완성도도 높아져요.

시멘트 그대로의 질감이 좋다면, 무광 바니시로 바닥에 닿는 부분만 칠해보세요.

시멘트의 거친 부분 때문에 흠이 나는 걸 방지할 수 있고 가루날림도 줄어들 거예요.

▲ 책상소품

필름지로 만든 책상소품들이에요.
마음에 드는 빈 용기를 찾기 어려울 때는
필름지로 틀을 만들어주세요. 나만의 소품을 만들 수 있어요.

◀ 메모꽂이

정육면체 틀을 만들고 반죽을 부어서 반쯤 굳었을 때,
두꺼운 종이를 가운데 꽂아서 홈을 낸 메모꽂이예요.
그 옆의 메모꽂이는 둥글게 구부린 철사를 꽂아 만들었어요.
사진이나 엽서, 작은 메모들을 꽂아 사용해보세요.

책상 위 시멘트 연필꽂이 메모꽂이 등 책상 위에서 사용하는 소품들을 시멘트로 만들어보세요.
책상 분위기가 새로워질 거예요. 자주 쓰이거나 손이 많이 닿는 제품은 코팅 작업을 해주세요.
더 오래오래 편하게 사용할 수 있을 거예요.

Make me!
시멘트 욕실용품 세트

● 뚜껑과 홈이 있는 보관함과 욕실소품
● 작업시간 : 50분 (+ 시멘트 굳는 시간 10~12시간)

시멘트 - 방수가 되는 시멘트 / 뚜껑과 홈 만들기

책상형제들에 이어 욕실 가족들!
욕실에서 화장 솜이나 입욕제, 면봉 등을 담아놓을 수 있는 보관함이에요.
방수제를 넣어 반죽을 만들고 뚜껑을 만들어 닫으면 물기 많은 욕실에서도
보송보송하게 사용할 수 있어요. 스푼이 필요한 곳에는 꽂아 넣을 수 있는 홈도 내보아요.
뚜껑과 홈이 있는 시멘트 보관함, 분명 쓰임이 많을 거예요.
틀은 아이스크림 통을 사용했어요. 그럼 같이 만들어볼까요. ♬

1. 큰 용기에 시멘트 반죽을 담고,

2. 작은 용기 쑥 넣어주기

3. 이제 굳히기 전에~

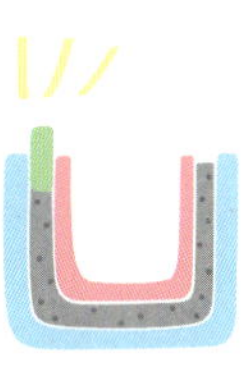

4. 점토를 동글납작하게 만들어 겉틀과 안틀 사이에 꼭 넣어주기

5. 겉틀과 지름이 같은 통을
   준비한 다음~

6. 원하는 뚜껑 높이만큼
   반죽 채우기

7. 굳히는 중!

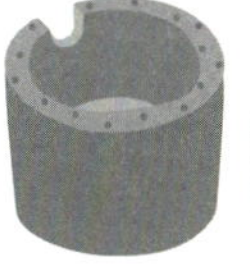

8. 완전히 굳은 후,
   점토와 틀을 제거하고

9. 마무리! 거친 부분은 고운 사포로
   갈아주고 살짝 씻어주기

10. 물기가 완전히 마른 후에
    바니시로 코팅하면~

11. 완성!

Cement Containers

입욕소금과 조각비누를 담았어요.
작은 스푼을 홈에 꽂고 뚜껑도 닫아보세요.
욕실 분위기를 한껏 시크하게 만들어줄 보관함이 될 거예요.

시멘트만의 모던함이 담긴 소품들을 만들어보세요.
부담없이 구입할 수 있는 시멘트 가루(10kg에 3,000원 정도) 하나만
준비하면 여러 가지 소품들을 아주 간단하게 만들 수 있어요.
시멘트만의 무겁고 거친 면이 있지만 그 부분까지도 매력적이죠.
여러가지 일회용기를 틀로 사용해 다양한 형태로 만들어보세요.
어렵지 않아요. 즐거운 시간이 될 거예요. :)

욕실 시멘트 방수제를 넣은 반죽으로 만들어서 욕실 습기에도 걱정 없이 사용할 수 있어요.
찻솔꽂이(감자칩 통)와 비누받침대(견과류 통 뚜껑)도 같은 방법으로 만들어보세요.

비누 받침대 견과류가 들어 있던 통의 뚜껑에 반죽을 넣어 만들었어요. 음료수나 아이스크림, 조미료 통 등
마음에 드는 모양의 일회용기를 모아두면 만들기 할 때 좋은 재료가 될 거예요.

ONEFINEDAY

02
순수하고 청아한 파우더
석 고

● 석고 _재료 설명

석고, 이렇게 준비해요!

석고

석고는 여러 종류가 있어요. 가루 입자, 경화속도, 강도 등이 모두 달라서 용도에 맞는 석고를 고르는 것이 중요해요. 여기서는 오너먼트용과 치과교정용 석고를 사용했어요. 이 두 석고는 색이 깨끗하고 단단해서 소품 만들기에 좋아요. 특히 치과 교정용 석고는 입자가 고와서 섬세한 표현이 가능하고 표면이 매끄러워서 부스러지거나 가루 날림이 없어요.

석고, 이렇게 사용해요!

반죽하기

먼저 석고 가루를 고무볼에 담고, 물을 넣어 가루가 물을 흡수하도록 1~2분 정도 기다려주세요. 그리고 저어주면 훨씬 부드러운 반죽을 할 수 있어요. 석고 가루와 물의 비율은 구입한 석고의 제품설명서를 참고해주는데 이 비율에 너무 신경을 쓰다보면 작업이 어렵게 느껴질 수 있어요. 반죽을 하면서 너무 묽으면 가루를 더하거나 되직하면 물을 넣어가면서 생크림같이 부드러운 석고 반죽을 만들어보아요. 여기서는 치과 교정용 석고와 물을 3:1로 넣은 다음 물을 조금씩 첨가해가면서 만들었어요.

고무볼과 나이프

석고를 반죽할 때 고무볼과 나이프를 사용하고 있어요. 고무볼은 둥글고 말랑해서 반죽을 남김없이
사용할 수 있어 좋아요. 석고가 남아서 굳었을 때는 고무볼을 눌러주면 그대로 빠져나오기 때문에
재사용도 깔끔하고 편해요. 나이프는 작은 돈까스 칼을 사용하는데 플라스틱 수저 등으로 대신해도 좋고,
고무볼 대신 종이컵이나 일회용 플라스틱 컵 등을 사용해도 좋아요.

틀사용하기

석고도 시멘트처럼 물과 섞어 반죽을 하고 틀에 부어서 형태를 만들어요.
두꺼운 종이와 얇은 플라스틱 재질의 일회용기들을 사용해서 다양한 모양의 석고 소품들을 만들어보아요.

석고의 얼룩

석고로 소품을 만들다 보면 표면에 얼룩이 생기기도 해요.
반죽을 할 때 물과 잘 섞이도록 충분히 저어주세요.
특히 방향제를 만들기 위해 오일을 첨가할 때에는
더 꼼꼼하게 저어주어야 얼룩 없이 깨끗하게 완성할 수 있어요.

마스크와 장갑

석고 작업을 할 때에도 역시 마스크와 장갑을 준비해주세요!

Make me!

심플 큐브 캔들 홀더

● 작업시간 : 홀더 30분 (+ 석고 굳는 시간 3~4시간)
티라이트 캔들 30분 (+ 왁스 굳는 시간 충분히 하루)

석고 - 석고 반죽하기와 캔들 만들기

쟈주 먹고 있는 버터 맛 쿠키는 칸이 나눠진 상자에 들어 있어요.
초콜릿이나 딸기잼 과자에 많이 들어가 있는 칸막이 상자! 이 상자를 가지고
큐브 모양의 홀더와 캔들을 만들어볼게요.
상자의 크기와 모양에 따라서 다양한 캔들 홀더가 만들어져요.

석고 가루로 만들기, 지금 시작해보아요. ♫♪

1. 칸막이 상자 준비하고,

2. 고무볼에 석고 가루를 넣고,

3. 물 살며시 부어주기!

석고와 물의 비율은 석고의 종류와 제조회사에 따라 조금씩 다르니 제품설명서를 참고해주세요. **부드러운 요거트**와 같은 질감이 좋아요.

4. 가루가 물을 흡수하면 나이프로 부드럽게 섞어서 석고 반죽 완성!

5. 이제 반죽 부어 주기 (칸의 1/2 정도)

6. 20~30분 정도 지나 살짝 굳은 석고 표면 위에 컵을 한 개씩 올려 굳히기

7. 다시 석고반죽을 만들어서 캔들 홀더 바로 아래까지 부어주기

한 번에 석고를 부은 뒤, 컵을 넣으면 컵이 자꾸 위로 올라오면서(부력) 표면이 고르지 않게 굳어져요. 조금 번거롭지만 2회에 거쳐서 석고를 부어주면 깔끔하게 만들 수 있어요.

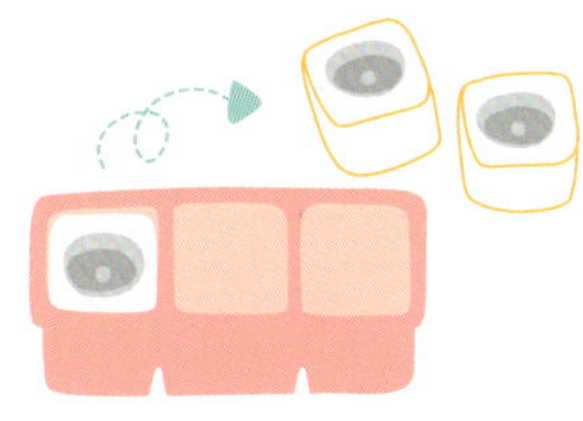

8. 완전히 굳은 후 틀에서 빼내고,

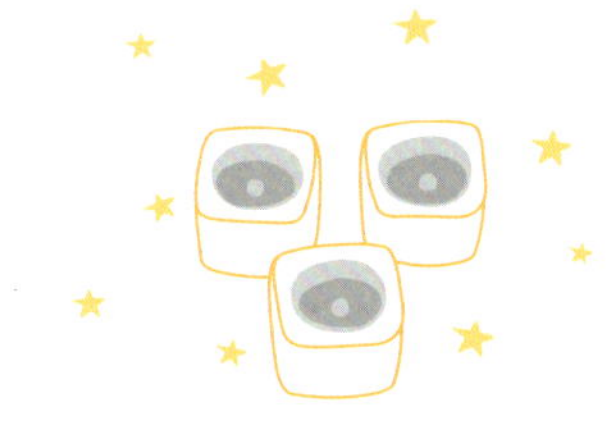

9. 고운 사포로 모서리 정리! 흐르는 물에 남은가루 살짝 씻어내면~

10. 석고 홀더 완성!

11. 왁스 준비하기

12. 왁스를 녹이고

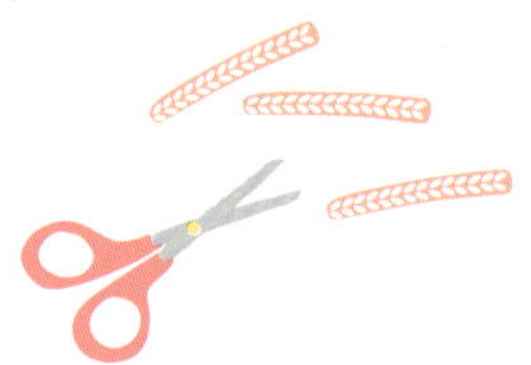

13. 1호 심지를 잘라서 준비

14. 녹인 왁스가 53~55도가 되면,
홀더에 부어주기

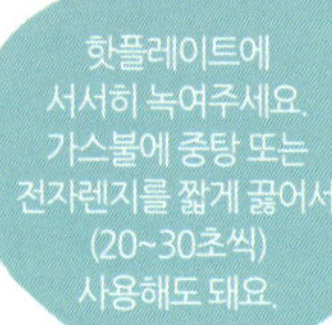

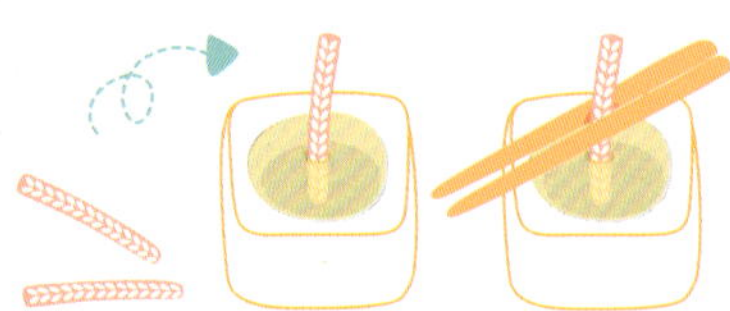

15. 왁스가 반쯤 굳었을 때,
심지를 넣고 젓가락으로 고정

16. 완전히 굳으면 큐브 캔들이 완성!
: 심지는 3~5mm로 자르고,
하루 정도 기다렸다가 사용해주세요.

캔들 만들기

방향제, 아로마테라피, 인테리어 소품으로 사랑받고 있는 캔들을
집에서 만들어보아요.
왁스는 온도에 민감해서 적정온도를 맞추는 일이 조금 까다롭지만
한두 번 만들다보면 완성도 높은 나만의 캔들을 만들 수 있어요.

Cube candles!

틀에서 뽑아낸 뽀얀 큐브 6개.
석고는 물 비율만 잘 맞춰주면 깔끔하고 매끈하게 나오지만
고운 사포로 한번 더 정리해주면 반질반질한 돌멩이처럼 더욱 견고해져요.
깨끗한 색과 형태라서 이대로 사용해도 좋고, 스탬프나 실 등으로 꾸며주면 느낌이
다양해져요. 과자용기에서 나온 심플한 큐브 캔들 홀더, 오늘 만들어보세요.

ONEFINEDAY

스탬프
석고는 입자가 고와서 스탬프가 선명하게 잘 찍혀요.
하얀색 몸에 까만 스탬프를 쿡!
큐브 한 개로도 예쁜 포인트 소품이 될 수 있어요.

실과 스티커 여러 가지 굵기의 실을 묶어주거나 스티커를 붙여주세요.
스티커가 없다면, A4 용지에 캔들의 이름과 만든 날짜 등을 적어서
가위로 잘라 양면테이프로 붙여주어도 좋아요.

비닐 포장지

몇몇 화장품이나 작은 소품은 이렇게 꽃이 프린트 되어 있는 비닐포장에 들어 있어요.
그 비닐 포장을 꽃 모양대로 가위로 잘라서 딱풀로 붙이면 빈티지한 홀더가 만들어져요.
이런 포장지가 아니어도 평소에 좋아하는 이미지를 모아서 라벨지에 프린트하면
스티커처럼 간편하게 쓸 수 있어요.

Make me!
석고붕대 퓨어 화병

● 작업시간 : 20분 (석고붕대 굳는 시간 3시간 정도)

석고 - 석고붕대로 만들기

팔이나 다리가 다치면 감아주는 깁스는
얇은 거즈에 석고가루를 굳혀서 만든 석고붕대예요.
미지근한 물에 살짝 넣으면 석고가 거즈에 녹으면서 단단하게 굳게돼요.
오늘은 이 석고붕대를 가지고 작은화병을 만들어볼까요?
가위로 싹뚝싹뚝 자르고, 물에 담가 살살 문질러주면 돼요.
작업이 간단해서 한번 사용해보면 자주 찾게 되는 재료가 될 거예요.
그럼 석고붕대로 만드는 순수한 느낌의 화병, 지금 만들어보아요.

1. 휴지나 랩 심의 바닥과 몸을
   랩으로 돌돌 말아 준비하고

시간은 **물의 온도**에
따라 달라져요.
석고붕대에 붙어 있는
석고덩어리가 물에 녹아
부드러워지면 꺼내주세요.

3. 이제 미지근한 물에 석고붕대 조각을
   넣고 15~30초쯤 있다가 꺼내기

5. 바닥과 옆면을 꼼꼼하게
   붙여준 다음 완전히 건조시키기

2. 석고붕대를 꺼내서
   적당한 크기로 자르기

자르는 크기는
정해져 있지 않아요.
5×5cm 정도가 심에 붙이기 적당한
크기 같아요. 석고붕대는 넓게 한번
붙이는 것보다 **여러 번 덧붙이면**
더 튼튼해져요.

4. 물에서 꺼낸 조각을
   랩 심에 문질러주기

손으로 문지르면
붕대에 스며 있던 석고들이
녹아나올 거예요.
부드럽게 손으로 펴주세요.

6. 심을 쏙 빼주면~
   하얗고 단단한 석고화병이 완성!

Plaster Bandage Vases

얇은 붕대로 감아 약해 보이지만 석고가
단단하게 녹아 있는 튼튼한 화병이에요.
울퉁불퉁 매끈하지 않아서 더 내추럴한 느낌!
하양고 깨끗해서 꽃과도 잘 어울려요.

 같은 방법으로 작은그릇과 조명갓도 만들어보세요.
공기를 넣은 풍선에 석고붕대 조각을 문질러주면 둥근 형태를 만들 수
있어요. 깁스처럼 가볍고 단단해서 사용감도 좋을 거예요.
질감이 색다른 소품을 만들어보고 싶을 때 석고붕대를 사용해보세요.
물과 반죽이 필요 없어서 정말 간단한 작업이 될 거예요. :)

🔺 색을 칠하거나
끈이나 라벨을
붙여 꾸며주세요.

석고붕대 화병

휴지 심에 석고붕대를 붙이는 높이를 다르게 하면 여러 가지 높이의 화병이 만들어져요.
끈으로 묶어 같이 사용해도 예쁘고, 한 개만 탁자에 올려두어도 단정해요.
랩, 화장지, 키친타월 등 원기둥 모양의 심으로 두께와 길이가 다양한 화병을 만들어보세요.

석고붕대는 얇은 거즈에
석고 가루를 굳혀서 만든
붕대예요. 크기에 맞게
잘라서 물에 녹여 사용해요.

Make me!

마블링 석고 트레이

● 작업시간 : 60분 (+ 석고 굳는 시간 3~4시간 정도)

석고 - 석고반죽에 색 넣기 / 대리석 무늬 마블링 만들기

요즘 인테리어 소품으로 사랑받고 있는 대리석 트레이,
천연석으로 만들어 은은한 마블과 색감이 참 신비로워요.
무엇을 올려두어도 특별해질 것 같은 이 트레이를 석고로 만들어볼까요?
필름지 틀을 사용하면 여러 가지 기하학 도형의 모양으로 만들 수 있어요.
향초나 작은 화분을 올려두면 근사한 소품이 될 거예요.

필름지 틀 만들기

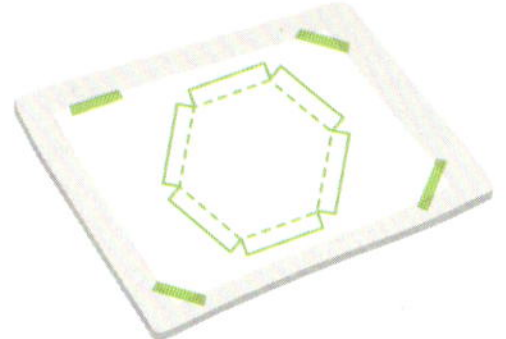

1. 도면과 필름을 잘 고정하고,

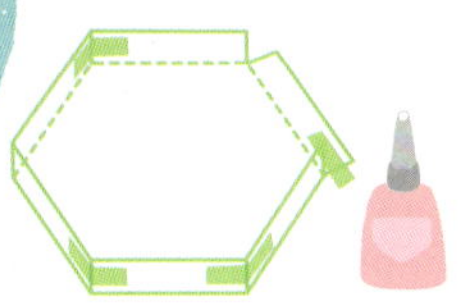

2. 도면을 따라 칼로 자른 후,

3. 모양대로 접어서 붙이면 틀 완성!

마블링 반죽 만들기

4. 석고 반죽을 하고

5. 원하는 색을 1~2방울 넣어서

6. 살짝만 저어주기

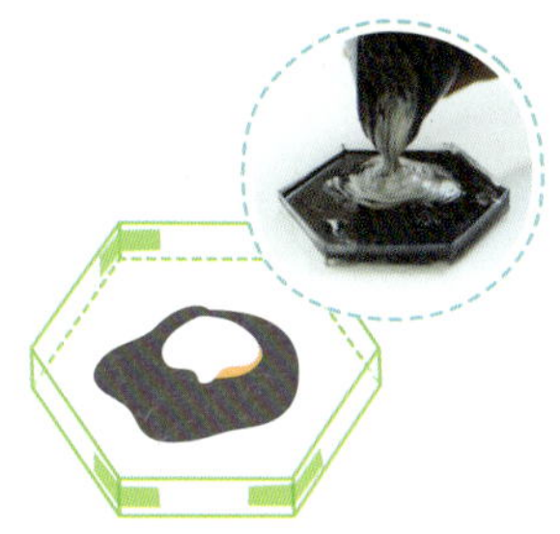

7. 이제 반죽을 틀에 부어주기

8. 바닥을 통통 쳐서
기포 제거하고 굳히기

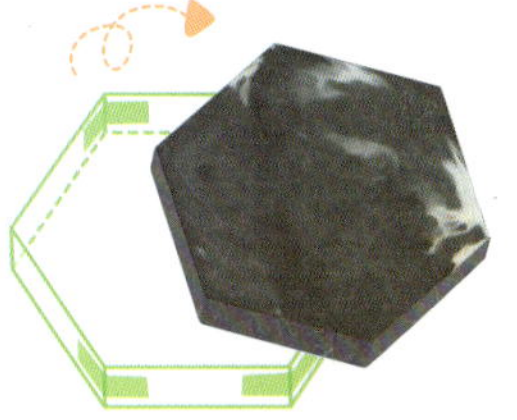

9. 완전히 굳은 후,
틀에서 조심히 빼주기

10. 마무리! 고운 사포로
거친 부분은 정리해주고,
물티슈로 가루 닦아내기

11. 바닥면에
미끄럼방지 고무 또는
부직포를 잘라 붙여주면~

12. 대리석은 내 친구,
마블 트레이가 완성!

Marbling Tray

대리석의 신비로움을 모두 담아낼 수는 없지만
석고의 마블도 깊고 자연스러워요.
육각형이 싫증나면 원형으로 만들어보세요.
원형틀은 초콜릿이나 철제 쿠키통을 사용하면 좋아요.
완성된 트레이는 바닥에 미끄럼 방지 고무를 붙여서 사용해주세요.

무늬색과 돌색도 내 마음에 쏙 맞는 마블트레이,
석고와 물감으로 만들어보세요.

▲ 물감의 색과 넣는 양을 조절하면
다양한 색감의 마블링이 만들어져요.

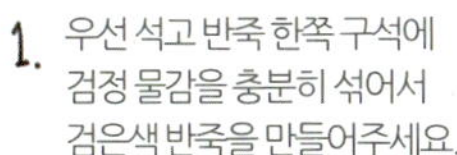

석고반죽에 검은색 물감 3방울
+푸른색과 황색을 각 1방울씩 넣어
크게 1~2번 저어서 부어주세요.

1. 우선 석고 반죽 한쪽 구석에
   검정 물감을 충분히 섞어서
   검은색 반죽을 만들어주세요.

2. 그리고 나머지 흰 석고반죽과
   크게 1~2번 저으면 흰 마블링이
   생겨요. 이때 황색계열 물감을
   아주 조금 넣어주면 더 풍부한
   빛의 마블링이 생길 거예요.

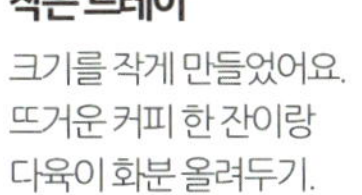

작은 트레이
크기를 작게 만들었어요.
뜨거운 커피 한 잔이랑
다육이 화분 올려두기.

Make me!

sweet dream 드로잉 별 모빌

● 작업시간 : 20분 (+ 석고 굳는 시간 3~4시간 정도)

석고 - 짤주머니로 그려서 만들기

쉽고 재미있는 놀이!
짤주머니에 석고 반죽을 넣고 달콤한 생크림을 짜듯이 별을 그려주세요.
굳은 후 모빌처럼 달아주면 공간이 밝고 화사해져요.
좋아하는 글씨나 그림을 그려서 만드는 나만의 모빌, 지금 시작해요. ♬

이렇게 필요해요!

1. 짤주머니

2. 석고 가루와 석고볼, 나이프

3. 다양한 끈

빵 만들 때 쓰는
짤주머니를 준비해주세요.
짤주머니는 **일회용 비닐**이나
지퍼백의 한쪽 모서리를 잘라서
대신 사용할 수 있어요.

1. 종이호일 또는 비닐을 깔고
   테이프로 고정하기

2. 우선 펜으로 별 그려주기

3. 짤주머니를 준비한 다음~

4. 석고 반죽하기

5. 짤주머니에
   반죽을 넣고

6. 끝을 살짝 자르기

7. 이제 종이호일 위에 그려둔
   별 모양을 따라 석고 반죽을 짜주기

8. 석고가 마르면
   별에 끈을 달아 총총 매달기!

Sweet Dream Mobile

생크림을 짜듯이 별을 그려주세요.
하얗고 청아한 모빌이 만들어질 거예요.
반죽이 마르기 전에 끈을 꽂아서 같이 굳히면
하나씩 묶어주어야 하는 번거로움을 피할 수 있어요.

Sweet Dream 

침대 가까이에 달아주었어요.
올려다 보면 하얀 별과 눈송이가 반짝반짝.
아마도 좋은 꿈을 꾸게 될 거 같아요.
별뿐만 아니라 좋아하는 무늬와
글씨를 적어서 모빌로 만들어보세요.

Make me!

식물냄새 천연오일 **석고 방향제**

● 작업시간 : 40분 (+ 석고 굳는 시간 3~4시간 정도)

석고 - 발향, 제습 효과가 있는 석고 / 석고에 향 첨가하기

맑고 신선한 향은 기분이 참 좋아져요. 그래서인지 요즘 향초, 디퓨저 등 집안을 향기로 채울 수 있는
제품들이 많아졌어요. 우리도 오늘 발향효과가 있는 석고 가루로 방향제를 만들어보아요.
자연에서 추출한 천연오일을 넣으면 아로마테라피 효과도 얻을 수 있어요.
작고 귀여운 모양에 싱그러운 향을 품고 있어서 선물하기에도 좋은 석고 방향제,
오늘 열심히 만들어서 보고픈 친구나 고마운 사람들에게 선물해보아요.

이렇게 필요해요!

1. 에센셜 오일
또는 프래그런스 오일

2. 올리브리퀴드

물과 오일이
분리되지 않도록
혼합해주는
가용화제예요.

3. 석고 가루와 석고볼, 종이컵

4. 재활용 상자

* 석고는 오너먼트를 만들 수 있는 고운 입자의 석고를 사용했어요.
석고의 종류에 따라 비율이 달라지니 확인 후 작업해주세요(석고 가루 100g 기준 비율 : 향오일 10g, 올리브리퀴드 10g, 물 30g).

1. 좋아하는 향오일을 고르고,

2. 종이컵에 향오일 10g과 올리브리퀴드 10g 계량하기!

3. 골고루 잘 섞어준 다음

4. 물 30g을 넣어주고

5. 다시 잘 섞어주기!

6. 이제 고무볼에 석고 100g을 담고

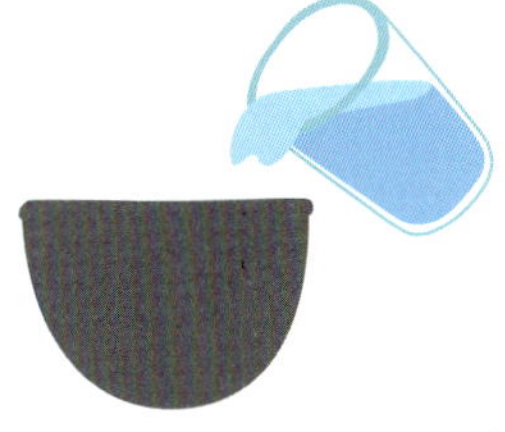

7. 5번에서 만든 용액을 넣어서

향오일+올리브리퀴드+물

8. 1분 정도 꼼꼼히 잘 섞어서 석고 반죽 완성!

9. 준비한 틀에 석고 반죽 부어주기

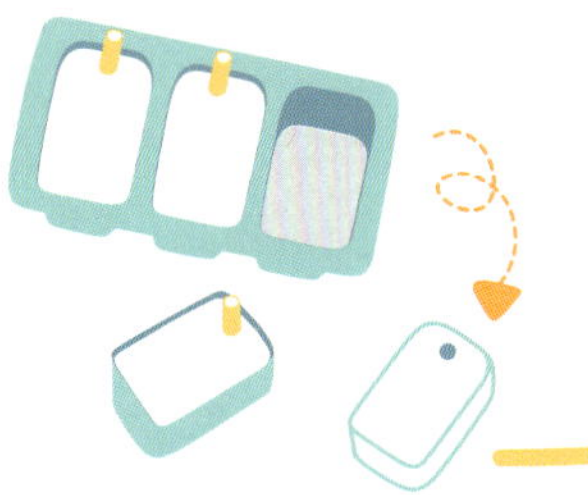

10. 완전히 굳은 후 틀에서 꺼내고 빨대도 빼주기

11. 고운 사포로 정리하고 물을 살짝 적신 티슈로 나머지 남은 가루를 닦아내면 완성!

natural.

밝고 즐거운 향을 가진 오렌지스위트에는 지난 가을에 말려둔 빨간 열매를,
쌉쌀한 유칼립투스오일을 넣은 석고에는 말린 유칼립투스 잎을 붙여주었어요.
반죽이 완전히 마르기 전에 올려주면 깔끔하게 완성돼요.

오일의 차이

프래그런스 오일　　합성향료가 조합된 인공 향으로 자연에서 얻을 수 없는 다양한 향을 갖고 있어요. 향이 선명하게
　　　　　　　　　오래 지속되고, 오일을 서로 섞거나 에센셜 오일을 몇 방울 더해서 새롭고 깊은 향을 만들 수 있어요.

에센셜 오일　　　　식물의 잎, 줄기, 꽃에서 추출한 천연향이에요. 불면증, 우울증, 스트레스 해소, 집중력 향상 등의 
　　　　　　　　　테라피 효과가 있지만 건강과 체질에 따라 피해야 할 성분들이 있으니 사용하기 전 확인이 꼭 필요해요.
　　　　　　　　　나에게 맞는 오일. 체질과 성향까지 꼼꼼히 체크해서 테라피 효과가 있는 방향제를 만들어보세요.

Fragrance Oil

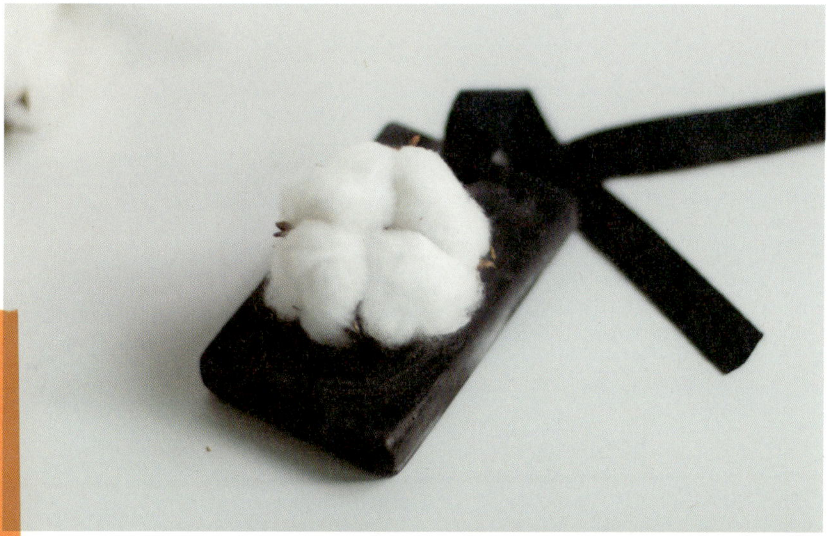

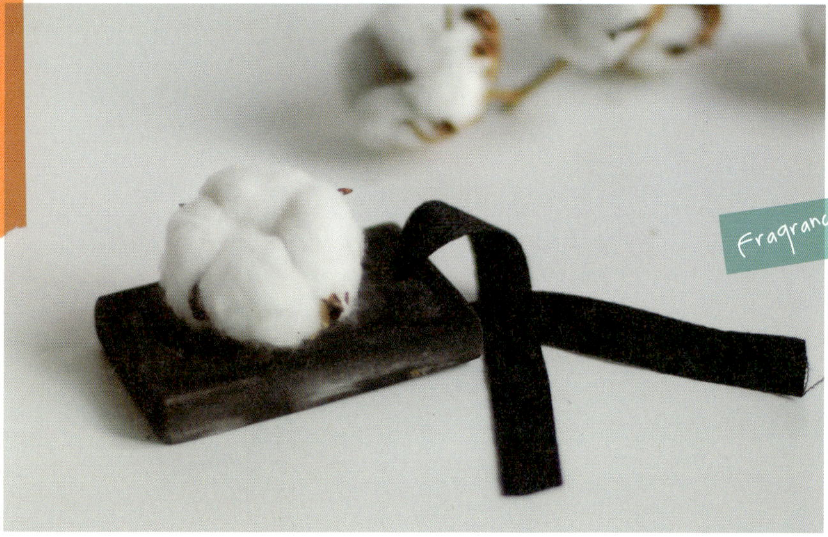

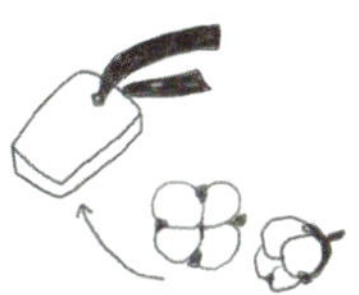

Woody.

깊은 숲속에서 나는 따스한 이끼 냄새.
마음이 차분해지는 우디 향 방향제는 색을 넣어 완성했어요.
8번 과정을 마친 뒤 물감을 넣고 다시 잘 섞어서 틀에 부어주세요.
보기에도 깊고 묵직한 향이 느껴져요.
가끔 달콤 상큼한 향에 지쳐 있을 때 찾게 되는 방향제예요.

* 반죽이 어느 정도 굳었을 때 목화솜을 올려 같이 굳히면 깔끔하지만,
타이밍을 맞추기 어려우면 석고가 완전히 굳은 후 접착제로 붙여주세요.
석고를 2/3 정도 넣어 굳힌 후, 목화솜을 올리고
나머지 석고 반죽을 부어 같이 굳히는 방법도 있어요.

보고 싶은 얼굴을 떠올리고,
좋아하던 색과 향을 천천히 생각하며
고마운 마음을 담아 만들었어요.
상자에 넣고 땡땡이 포장도 하고 리본으로 묶으면 완성!
선물을 만드는 시간은 언제나 설레고 즐거운 것 같아요.

Marble.

길쭉한 네모 석고에는 코튼 향을 넣고, 저번 시간에 만든 트레이처럼 마블링을 넣었어요.
바람이 불어오는 창가 가까이에 달아주면 따뜻한 햇살 향이 집 안에 부드럽게 퍼져 들어와요.
보고 있으면 기분이 좋아지는 석고 방향제, 집에서 만들어보세요.

재활용 상자
이 석고방향제는 화장품을 사면 주는 작은 샘플 상자를 틀로 사용했어요.
요즘은 예쁜 모양의 실리콘 틀이 많이 나와 있지만 이렇게 종이상자나 플라스틱 통으로도 만들 수 있어요.

Make me!
Smile! ☺ 석고 글자

● 작업시간 : 50분 (+ 석고 굳는 시간 3~4시간)

석고 - 종이틀 만들기 / 글자 소품 만들기

기억하고 싶은 날짜와 이름, 행운을 주는 숫자, 내게 특별한 단어,
이런 좋아하는 글씨를 석고로 만들어보아요.
간단하게 집 안에 포인트를 줄 수 있는 의미있는 소품이 될 거예요.
친구와의 즐거웠던 사진 옆에 두고싶은 글자는 Smile!
이 메시지를 지금 만들어볼게요. ♬

이렇게 필요해요!

1. 틀을 만들 두꺼운 종이와 골판지

택배상자나 피자 포장상자를 사용해주세요.

2. 만들고 싶은 글자

좋아하는 폰트와 크기로 써서 **프린트**하거나, **종이**에 적어주세요.

3. 석고 가루와 석고볼, 나이프

필름지 틀 만들기

1. 프린트한 글자를
   두꺼운 종이에 잘 고정하고,

2. 글자를 따라 잘라주기

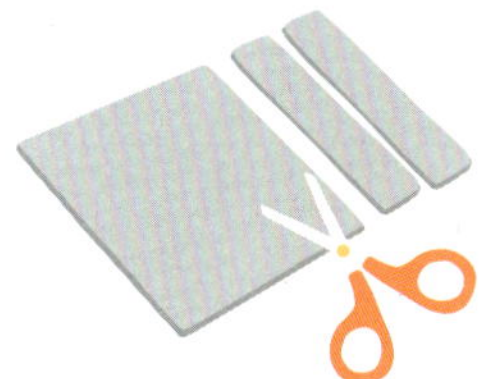

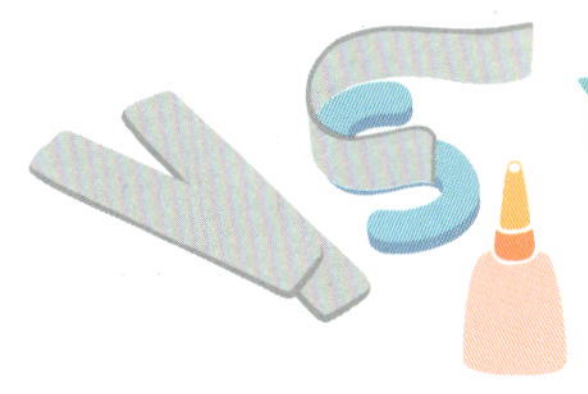

3. 골판지를 3~4cm 간격으로
   길게 여러 개 자른 후~

4. 접착제로 글자를 따라 쭈욱 붙여주면 틀 완성!

5. 석고 가루에 물을 넣어
   부드럽게 반죽을 만든 후,

6. 틀에 반죽 부어주기

7. 완전히 굳으면 틀 조심히 제거하기

8. 고운 사포로 거친 면을 정리하고
   흐르는 물에 살짝 씻어 남은 석고 가루
   제거하고 말리면 글자가 완성!

Smile!

종이 틀로 만든 석고 글자 Smile이에요.
이렇게 직접 틀을 만들면 글자크기와 모양을 내 마음대로 디자인할 수 있어 좋아요.
집에 플라스틱이나 실리콘 글자 틀이 있다면, 간단하게 반죽만 부어 만들어주세요.

완성된 석고 글자는 친구와 즐겁게 찍은 사진 옆에 세워두었어요.
선반에 올려두거나 벽에 붙여서 글자로 인테리어해보세요.

석고

하얀 눈처럼 깨끗한 석고는 섬세하고 마무리가 깔끔해요.
단단하게 굳기 때문에 일상 생활소품으로 사용하기 좋고
복잡하지 않은 작업과정도 석고의 매력 중 하나일 거예요.
물과 섞어 다양하게 만들어보세요.
향을 넣어 방향, 탈취제로도 사용할 수 있어요.

Make me!
ONEFINEDAY

03
깨끗하고 말랑한 부드러움
점 토

Make me!
모노 삼각 가랜드

● 작업시간 : 30분 (+점토 마르는 시간 하루)

점토 - 가위로 잘라 만들기

하얗고 말랑한 지점토로 삼각형 가랜드를 만들었어요.
지점토는 아이들 미술재료 같은 느낌이지만
깨끗하고 모던한 소품 만들기에 참 좋은 재료예요.
색종이를 오리듯이 원하는 모양으로 쉽게 자를 수 있고
완성한 뒤에는 가볍고 깨지지 않아 오래 사용할 수 있어요.
그럼 지점토로 만들기, 시작해볼까요. ♬

이렇게 필요해요!

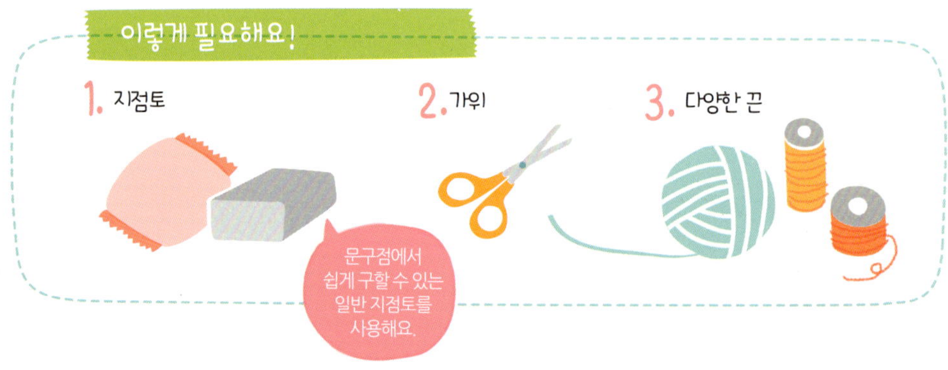

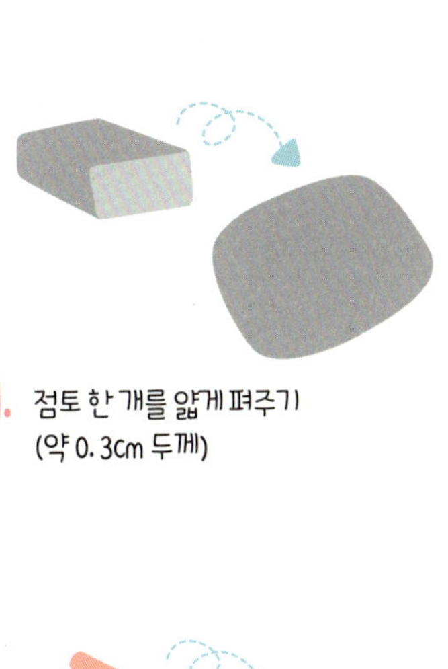

1. 점토 한 개를 얇게 펴주기
   (약 0.3cm 두께)

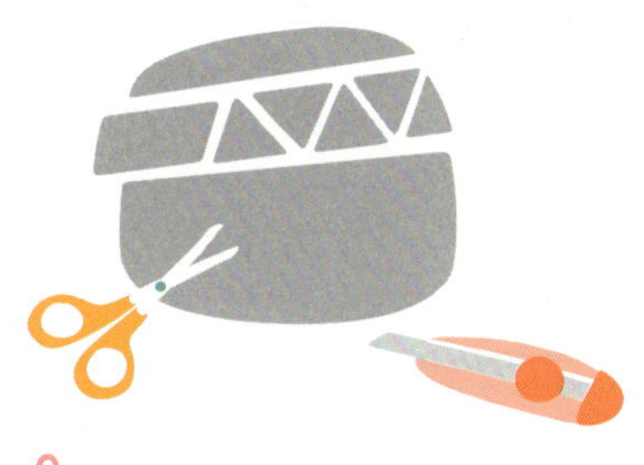

2. 지그재그 잘라서 삼각형 만들기

점토에 자를 대고
칼로 자르거나
가위로
오려주세요.

3. 빨대로 구멍내주기

4. 바람이 잘 들어오는 그늘에 건조

5. 완전히 마른 후 코팅하기

광택 또는 무광택,
유성 또는 수성 바니시를
선택해서 발라주세요.
코팅을 해주면,
완성도가 좋아져요.

6. 이제 끈으로 연결해서 완성!

clay garland

하얀 삼각형을 검정 줄로 연결해본 깨끗하고 깔끔한 가랜드예요.
삼각형뿐만 아니라 사각형, 마름모 등 여러 가지 도형으로 잘라 연결해주세요.
검정 아크릴 물감으로 칠해주면 더 모던하고 시크한 분위기가 생길 거예요.
모노톤의 도형 가랜드, 점토로 쉽고 간단하게 만들어보세요.

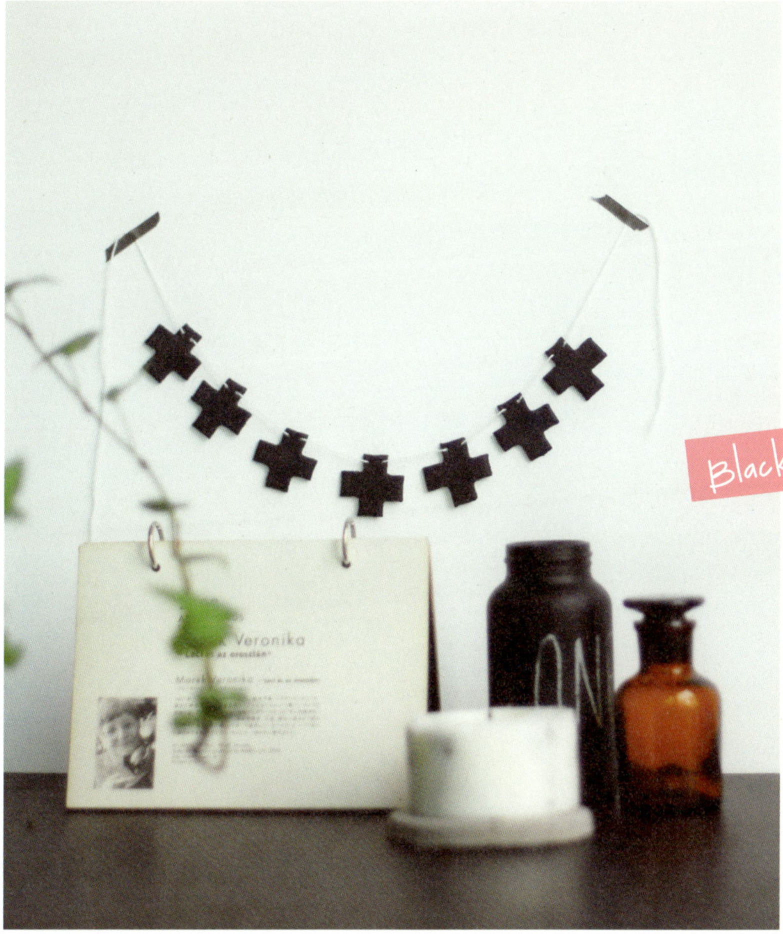

Black garland

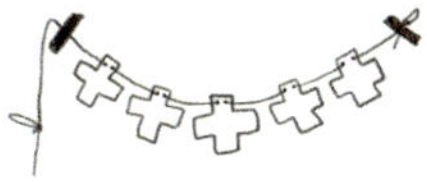

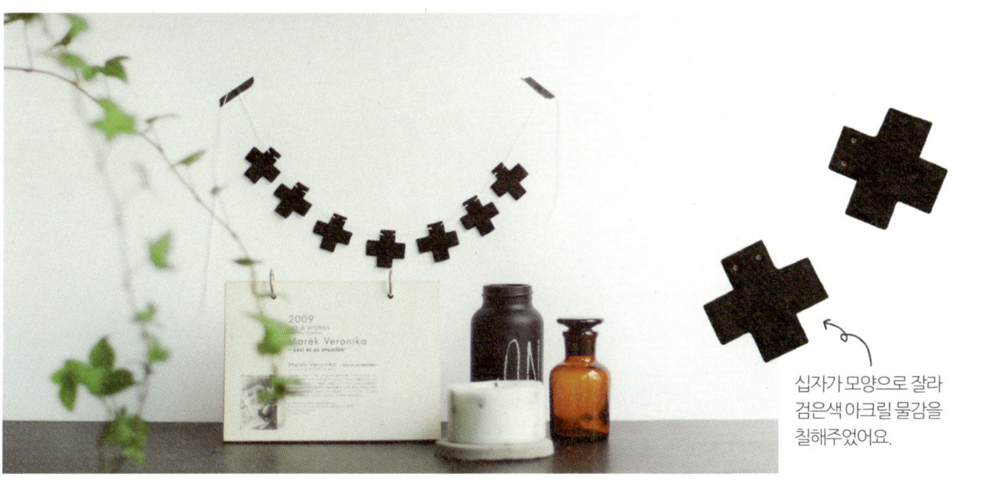

십자가 모양으로 잘라
검은색 아크릴 물감을
칠해주었어요.

CLAY

「ONE FINE DAY」

Make me!

패턴 컨테이너 캔들

● 작업시간 : 60분 (+ 점토 마르는 시간 하루 + 캔들 굳는 시간 하루)

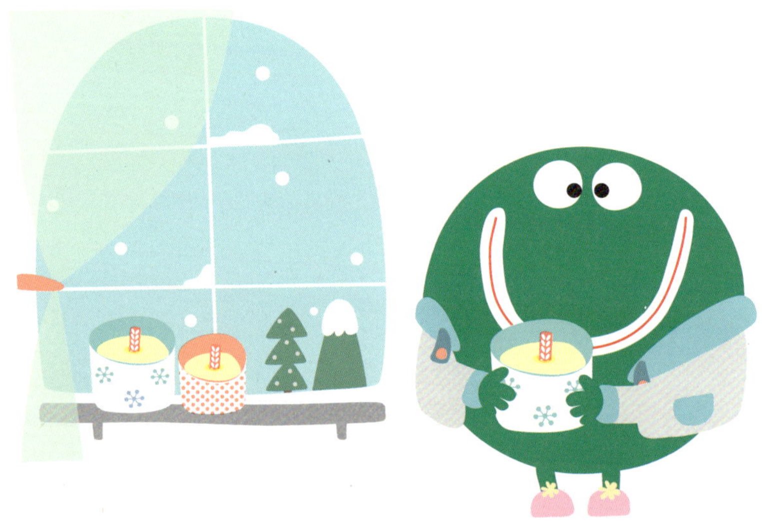

점토 - 보관용기 만들기 / 컬러링

하얀눈이 펑펑내리던 오후에 따스한 캔들을 만들었어요.
지점토로 용기를 만들고 좋아하는 눈꽃무늬도 그려주니
겨울에 어울리는 근사한 소품이 된 것 같아요.
반짝반짝 코팅도 해주면 도자기 같은 깨끗한 느낌이 들어요.
캔들의 달콤한 향이 오래 간직할 수 있도록 뚜껑도 만들어 주세요.
그럼 용기부터 왁스까지 내가 만드는 캔들, 함께 만들어볼까요.♬

이렇게 필요해요!

1. 지점토

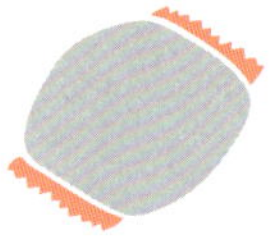

2. 물감

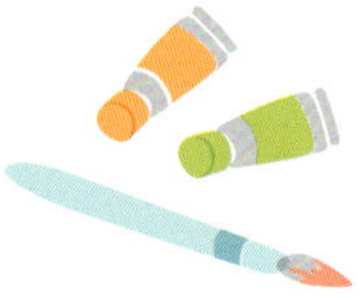

3. 캔들 재료
소이왁스(컨테이너용), 온도계, 심지탭, 면심지(3호 : 용기 지름 6~7cm 용)

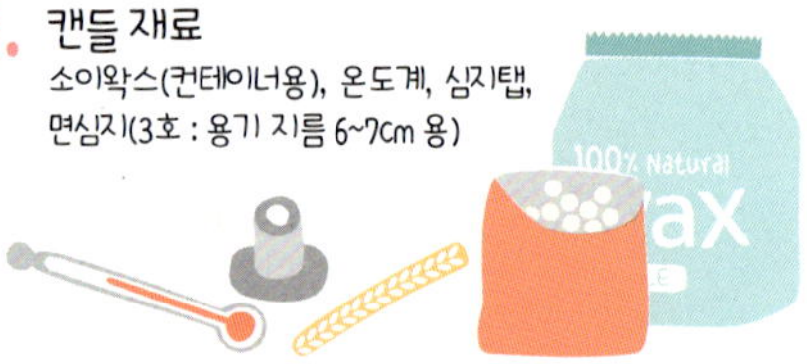

좋아하는 왁스로 만들어주세요.
단, **왁스의 종류**와 **브랜드마다 녹는점**이 다르니 꼭 확인 후 작업해주세요.
여기서는 소이왁스(컨테이너용)를 사용했어요.
심지는, 지금 만드는 점토용기의 지름에 맞게 준비해주세요.

컨테이너 만들기
밑면
옆면
높이는 원하는 높이로!
길이는 밑면을 감을 수 있을 정도
1. 점토를 밀대로 펴주고
(약 0.3cm 두께)
2. 컵으로 둥근 원 한 개 찍기
3. 긴 직사각형도 잘라주기
붓으로 물을 묻혀서 붙여주세요.
4. 바닥과 옆면을 붙여서 용기 완성!
수채화 물감 또는 아크릴 물감으로 그려주세요. 수채화는 자연스러운 번짐이 있는 패턴이, 아크릴 물감은 또렷하고 선명한 패턴이 그려져요.
5. 점토가 완전히 굳으면, 물감으로 좋아하는 무늬 그려 넣기
캔들 만들기
심지
심지탭
6. 심지를 심지탭에 고정하고,
7. 점토 용기 바닥에 붙이기
8. 심지의 윗부분은 나무젓가락으로 고정
9. 왁스를 약한 불에 녹여서
10. 왁스 온도 53~55도가 되면 용기에 부어주기
11. 왁스가 완전히 굳으면 컨테이너 캔들 완성!

Clay Container Candles

하얗고 깨끗한 캔들이 만들어졌어요.
수채화 물감으로 패턴을 넣어서 울퉁불퉁 번짐이 있지만 자연스러운 느낌이 좋은 것 같아요.
좋아하는 무늬와 그림을 수채화 물감, 아크릴 물감, 색연필 등으로 자유롭게 그려주세요.
검은색으로 그려주면 모던한 느낌의 소품으로 완성될 거예요.
용기부터 왁스까지 내 취향에 꼭 맞게 만들어보세요.
특별한 선물로도 참 좋아요.

Special Candle

Make me!
동글 동글 점토 오너먼트

● 작업시간 : 점토 30분 (+점토 마르는 시간 하루)
전사 20분 (+전사지 마르는 시간 하루)

점토 - 물전사지 붙이기

점토를 둥글게 반죽해서 구슬 장식을 만들었어요.
구슬에는 좋아하는 그림이나 사진을 물전사지로 붙여 볼게요.
물전사지는 유리 금속 캔들 머그컵 등 다양한 소재에 원하는 이미지를
쉽고 간단하게 전사할 수 있어서 소품 만들 때 정말 자주 사용하게 돼요.
그럼 시작해볼까요. ♬

그림으로 만들어보아요!

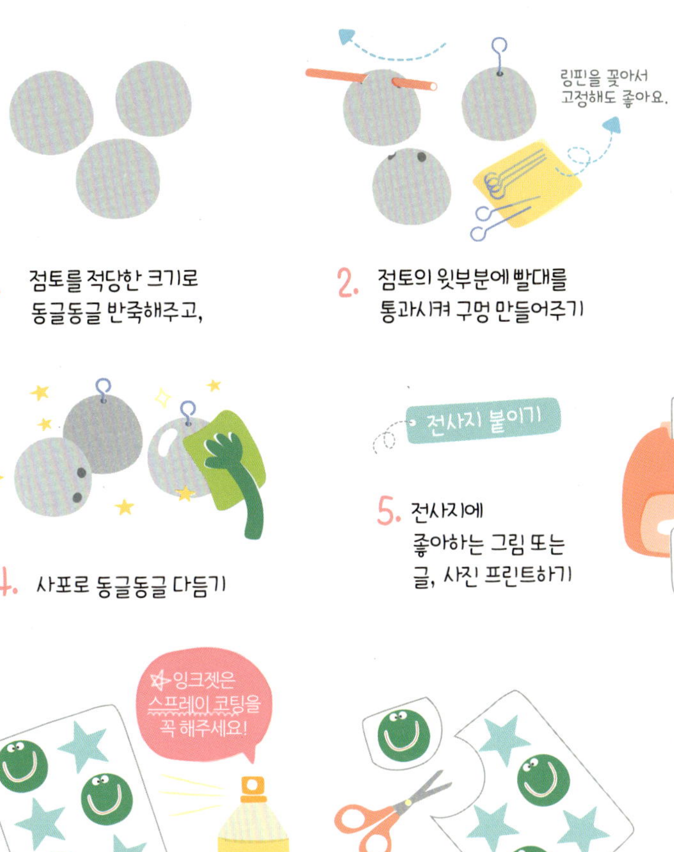

1. 점토를 적당한 크기로
동글동글 반죽해주고,

2. 점토의 윗부분에 빨대를
통과시켜 구멍 만들어주기

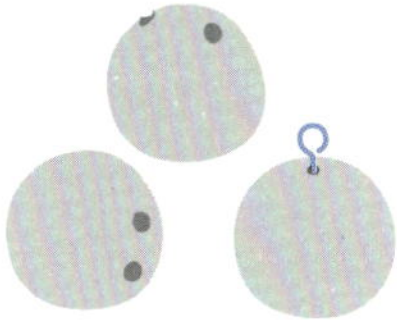

3. 완전히 건조시킨 후,

4. 사포로 동글동글 다듬기

전사지 붙이기

5. 전사지에
좋아하는 그림 또는
글, 사진 프린트하기

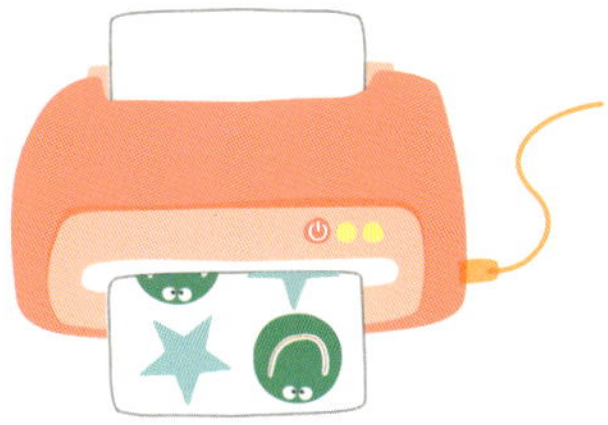

6. 잉크젯을 사용했다면,
코팅 후 하루 정도 말리기

7. 이제 크기에 맞게 잘라서~

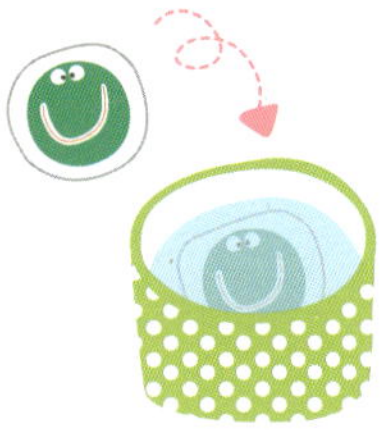

8. 미지근한 물에 담가서
전사지가 살짝 분리되면~

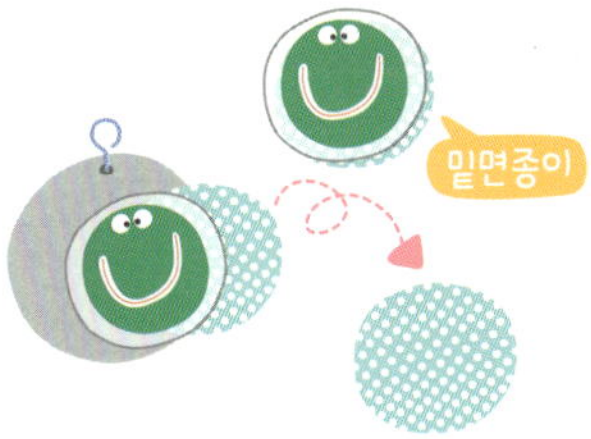

9. 점토에 바르게 위치시킨 후
분리된 밑면 종이를 제거하면서
밀착시켜 붙이기

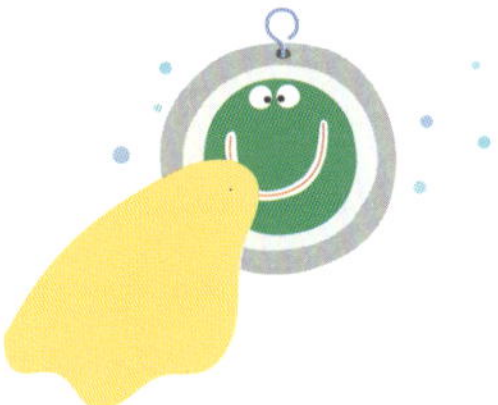

10. 부드러운 천으로 공기나
물을 완전히 빼주면 끝!

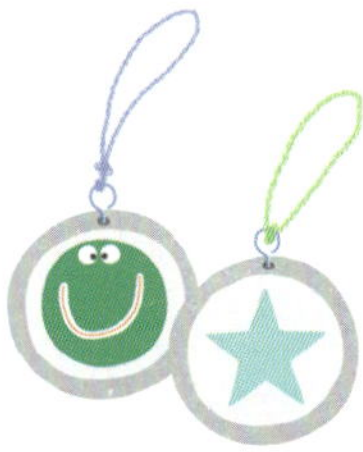

11. 이제 끈을 달아 완성!

clay ornament

좋아하는 그림을 전사해주세요.
이미지에 따라 모던하거나 앤티크한 소품이 만들어져요.
고운 사포로 다듬은 점토는 반질반질한 구슬같고
섬세한 그림이 프린트되어 있어서 그런지
마치 오랫동안 간직해온 소중한 장신구 같아요.
탁자 위에 올려두거나 끈을 묶어서 모빌로 달아보세요.
루돌프나 눈꽃 모양을 넣어 만들면
크리스마스 장식품으로도 좋을 거예요.

▲ 전사지를 붙이기 전에는 고운 사포로
매끈하게 갈아서 표면을 곱게 만들어주세요.
전사지가 깨끗하게 밀착돼서 떨어지지 않아요.

antique Mobile

clay Ornament

Make me!
점토 초크 보드 

● 작업시간 : 40분 (+ 점토 마르는 시간 하루)

점토 - 칠판 페인트칠하기 / 다양한 끈 달아주기

분필로 사각사각 적고 지우는 칠판,
요즘 인테리어 소품으로 자주 볼 수 있어요.
페인트를 칠하거나 시트지를 잘라 붙이면 되는 간단한 작업이에요.
쓰고 지우기를 자유롭게 할 수 있어서 메모, 달력 등으로 활용할 수 있고
좋아하는 글과 그림을 그려 액자처럼 걸어두어도 좋은 소품이 될 거예요.
쓰임이 다양한 칠판, 지금 만들어볼게요.

이렇게 필요해요!

그림으로 만들어보아요!

1. 점토 한 개를 얇게 펴주기
(약 0.5cm 두께)

2. 모양을 잘라주고 빨대로 구멍내주기

테이프로
테두리를 붙여주면,
페인트가 깔끔하게
칠해져요. 종이테이프나
일반 투명테이프를
사용해보세요.

3. 하루 정도 완전히
건조시킨 다음

4. 페인트 바르기 전 테두리에
테이프 꼼꼼히 붙이기

5. 이제 붓으로 페인트 발라주기

2회에 거쳐서
매끈하게 발라주세요.
붓 자국이 많이 남지 않는
제형이라 쉽게 바를 수 있어요.
바르는 횟수와 사용법은 제품에
따라 다를 수 있으니 설명서를
참고해주세요.

6. 페인트가 마르면
끈을 달아 완성!

Chalkboard.

점토로 만든 미니칠판이 완성!
분필이 부드럽게 잘 써지고 물티슈로 닦으면 처음처럼 깨끗해져요.
마음에 들었던 글을 적어보고 친구얼굴도 그려보기 ☺
벽에 기대 놓거나 끈을 달아 걸어주세요.
크기가 작아서 옆에 두고 메모하기에도 좋아요.

▲ 원하는 모양으로 점토를 잘라주세요.
　 다양한 칠판을 만들 수 있어요.

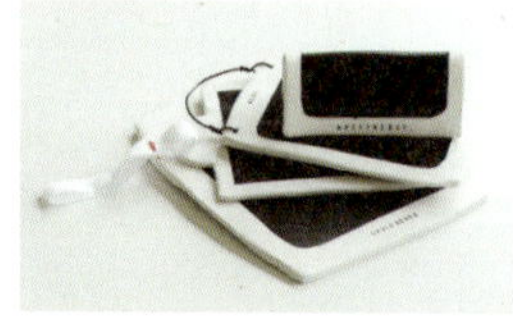

▲ 철사를 구부려서 넣어주거나 천을 잘라
　 끈을 달아주세요. 스탬프도 쿡 찍어주면
　 귀여운 소품이 될 거예요.

ONE FINE DAY

94

Memo Pad

Drawing Picture
05.19 Tue.

may 5

Calendar

05.19 Tue.

Make me!
날아가는 점토 새 모빌

● 작업시간 : 40분 (+점토 마르는 시간 하루)

점토 - 모양대로 자르기 / 조각천으로 날개 만들기

하얗고 고운 새를 유리 창문에 달았어요.
바람이 들어올 때마다 조금씩 움직이는 걸 보고 있으면 마음이 편안해져요.
하늘을 날아다니는 것 같은 새 모빌은 점토와 조그만 천 조각으로 만들었어요.
지점토는 가볍고, 떨어져도 유리처럼 깨지지 않기 때문에 모빌로 만들기 참 좋은 재료에요.
또 색종이를 오리듯이 가위로 잘라주면 원하는 모양으로 쉽게 만들 수 있어요.
새뿐만 아니라 좋아하는 동물의 모양도 만들어 달아주세요.

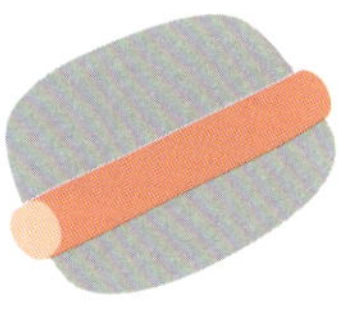

1. 점토를 밀대로 밀어서
(약 0.5cm 두께)

2. 새 모양으로 잘라주기

3. 날개를 넣을 공간을
잘라주고

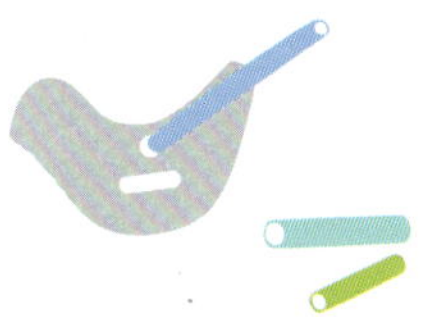

4. 빨대로 구멍 뚫기

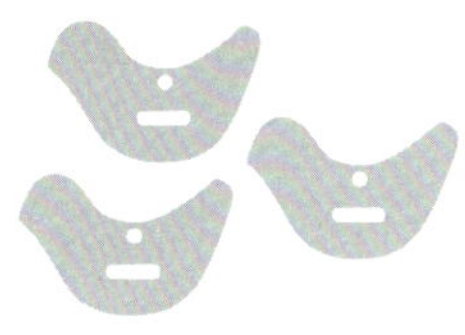

5. 그늘에서 건조 중!

6. 이제 천을 날개 모양으로 잘라 넣어주기

7. 끈을 달아주면 완성!

clay birds

순하고 깨끗한 느낌의 새예요.
패턴이 있거나 색이 선명한 천으로 날개를 만들어주면 지금과는 다른 경쾌한 느낌의 모빌이 만들어져요.
끈을 짧게 묶어서 테이블 위 장식 소품으로도 사용해보세요.

▲ 창문 가까이에 달아주면 조용히 움직여요. 보고 있으면 가끔 새들이 우리집에 잠깐 들려서 쉬어가는 기분이 들어요.

Clay White Birds

● 작업시간 : 30분 (+ 점토 마르는 시간 하루)

점토 - 레이스 무늬 새기기 / 쿠키 틀로 찍어서 만들기

식탁보를 만들고 남은 사랑스러운 레이스,
이 레이스 패턴을 점토에 찍어 보았어요.
화려하고 섬세한 문양이 새겨져서 새로운 느낌을 주는 소품이 완성돼요.
레이스가 아니더라도, 짜임이 도톰한 니트 목도리나
장갑을 사용해 여러 가지 문양을 만들 수 있어요.
그럼 오늘은 이 레이스를 넣은 점토로 별 모빌을 만들어볼까요. ♫

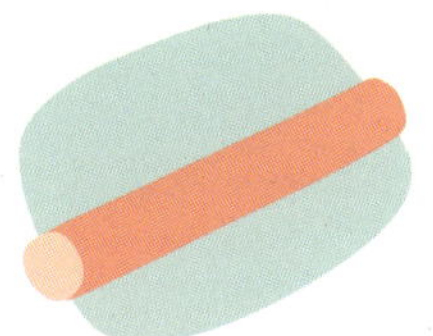

1. 점토를 밀대로 밀고
(약 0.3cm 두께)

2. 다시 점토 위에
레이스 천을 대고 밀어주면

3. 짠! 점토에 레이스 문양이!

4. 이제 쿠키 틀로 찍거나
가위로 오려서 별 모양 만들기

5. 빨대로 구멍 뚫고 건조시키기

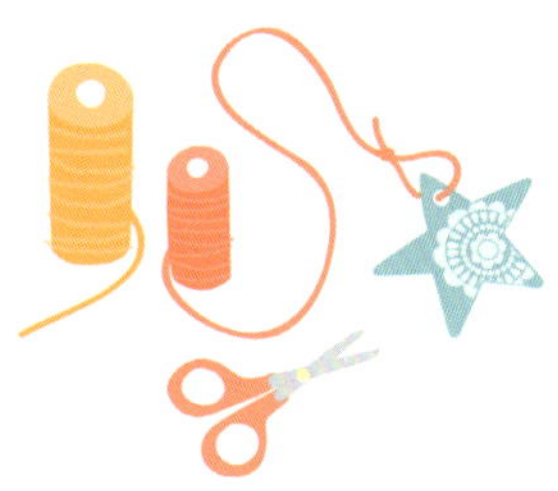

6. 이제 끈을 달아서~

7. 나뭇가지에 매달기
레이스 별 모빌이 완성!

Lace Star Mobile.

섬세하고 사랑스러운 레이스 문양이 새겨진 별 모빌이에요.
나뭇가지에 하나씩 달아주세요. 모빌을 꽂은 화병도 별과 같은 방법으로 만들었어요.
지금까지 함께 만든 가랜드나 캔들 컨테이너도 이렇게 질감을 넣어 만들어보세요.
점토의 새로운 매력을 느낄 수 있을 거예요.

Lace Star Mobile

Make me!

접어 만드는 **레이스 그릇**

● 작업시간 : 30분 (+ 점토 마르는 시간 하루)

점토 - 접어서 만들기 / 레이스 무늬 새기기

날이 추워지면서 레몬을 넣은 따듯한 차를 자주 마시고 있어요.
차를 덥히기 위해 열심히 사용 중인 티라이트 캔들,
오늘은 이 캔들을 넣어 사용할 수 있는 그릇을 만들어볼게요.
별 모빌처럼 레이스 문양을 넣고 점토를 색종이처럼 접어 붙일 거예요.
질감과 형태가 독특해서 테이블에 놓고 사용하면 차 마시는 시간이 더 즐거워져요.
말린 꽃을 담거나 귀걸이, 반지 등 액세서리 보관함으로도 사용해보세요.

1. 점토를 밀대로 밀고(약 0.3cm 두께)

2. 다시 점토 위에
   레이스 천을 대고 밀어주면

3. 레이스 문양 점토가 짠!

4. 만들고 싶은 크기의 사각형으로 자르고

5. 모서리를 가위로 잘라주기

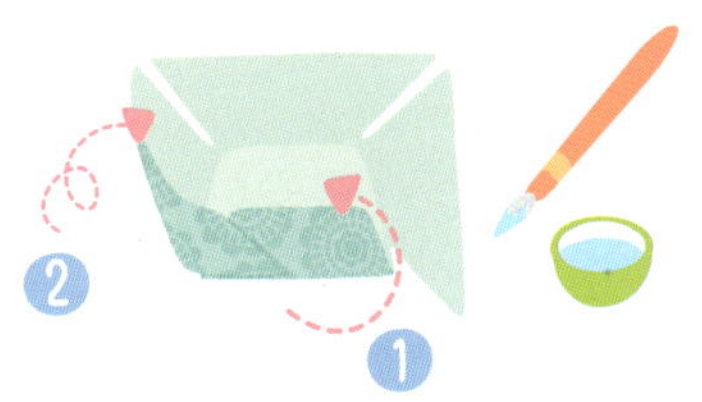

6. 이제 잘린 양쪽 끝을 안쪽으로 접어 올려서
   붓으로 물을 묻혀 붙여주기

7. 네 모서리를 다 붙여주면~
   작은 레이스 그릇이 완성!

Lace tray

어릴 적 색종이를 접어서 만든 그릇과 같은 모양이에요.
모서리를 잘라주는 깊이에 따라(과정 5) 그릇의 높낮이를 조절할 수 있어요.
티라이트 캔들을 넣으면 근사한 홀더가 되고,
액세서리나 작은 소품을 넣는 보관함으로 사용해도 크기가 좋아요.
종이호일을 깔고 오후에 마실 찻잎을 덜어두거나 말린 꽃 등을 담아보세요.
자주 사용하게 되는 사랑스러운 소품이 될 거예요.

Candle holder

Jewel Box

Make me!
ONEFINEDAY

04
따스하고 포근한 감촉
패브릭

Make me!
털실 태슬 가랜드

● 작업시간 : 30분

겨울마다 목도리와 장갑을 만들고 남은 색실들이
커다란 바구니에 가득 쌓여 있어요.
오늘은 이 실들을 모아서 먼지를 털어내고
쿠션이나 커튼에 장식으로 달려 있는 술, 태슬을 만들어볼 거예요.
여러 개 만들어서 창문과 방문 손잡이에 하나씩,
나머지는 줄로 길게 엮어서 거실과 달아주면 좋을거 같아요.
열쇠고리나 책갈피로도 예쁜 태슬, 시작해보아요. ♫

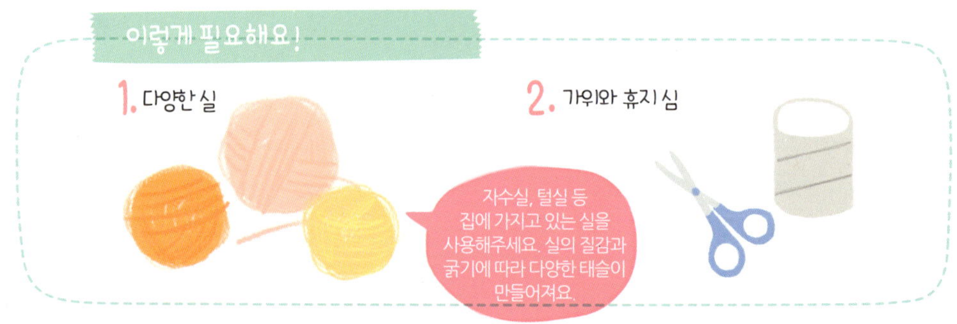

1. 좋아하는 색의 실을 준비하고,

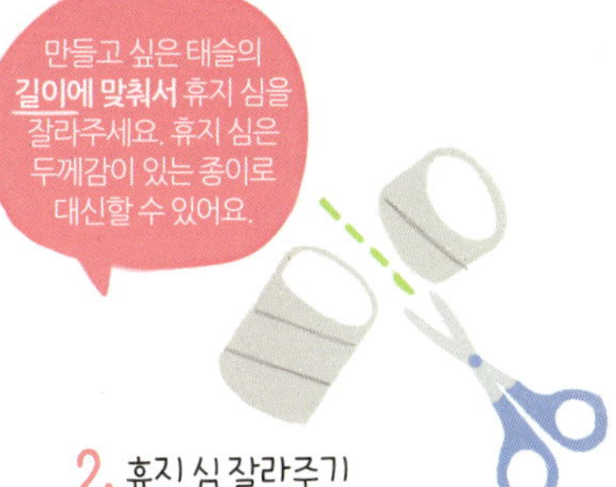

2. 휴지 심 잘라주기

3. 휴지 심에 실을 도톰하게 감아주기

4. 감은 실을 쏙 빼내고
한쪽 끝을 단단히 묶어준 뒤,

5. 다시 털실로 감싸서 태슬 기둥 만들어주기

6. 이제 나머지 한쪽을 가위로 잘라
정리해주면 끝!

7. 끈에 줄줄이 달아주면 태슬 가랜드 완성!

tassel.

먼지가 쌓여 있던 목도리를 풀어서 만들었어요.
이렇게 밝은 창문에 달아주니 분위기가 산뜻해지는 것 같아요.
광택이 나는 자수실은 매끈하고 세련된 느낌의 술이 만들어지고,
도톰한 털실로 만들면 따뜻한 느낌의 술이 만들어져서 모자나 목도리 끝에 달기 좋아요.
집에 남아 있는 실을 모아서 돌돌 묶어주세요. 예쁜 태슬이 만들어질 거예요.

책갈피 태슬

2~3가지 색을 섞어서 만들면 새로운 느낌의
태슬이 만들어져요. 작게 만들어서 책갈피와
열쇠고리로 사용해보세요.

Make me!
Lace 패브릭 전등갓

● 작업시간 : 50분

자주가는 까페 천장에 하나씩 매달려 있는 소켓만 있는 조명,
심플한 느낌이 좋아서 집으로 돌아오는 길에 부품을 사서 만들었어요.
그리고 오늘은 조명갓을 만들어 씌워주기!
천의 종류에 따라 분위기가 달라지는 조명갓이에요.
바느질 없이 쉽고 편하게 만들어보아요.

이렇게 필요해요!

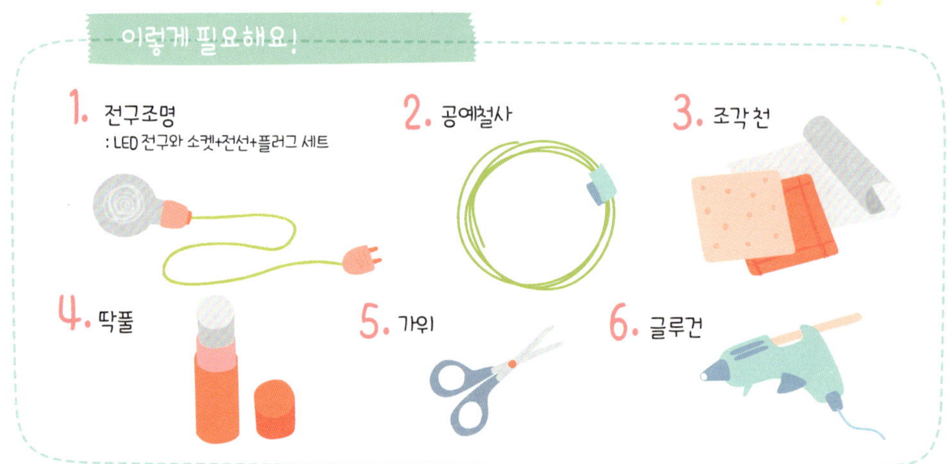

1. 전구조명
: LED 전구와 소켓+전선+플러그 세트

2. 공예철사

3. 조각 천

4. 딱풀

5. 가위

6. 글루건

소켓+전선+플러그가 연결된 세트는 철물점, 대형마트에서 구입할 수 있어요(한 세트 3,500원 정도). 소켓, 전선, 플러그를 따로 구입해 연결하면 전선의 길이 등을 자유롭게 조절해 만들 수 있어서 좋아요.

1. 소켓+전선+플러그 세트에 전구를 끼워서 조명 준비

2. 철사를 구부려서 원하는 날개 모양 만들기

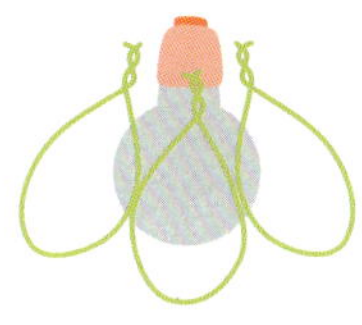

3. 전구를 한 바퀴 감을 수 있도록 6~7개 만들기

4. 조각 천에 딱풀을 바르고

5. 날개 하나 올리기

6. 다시 풀을 바르고 천을 올려서 합체!

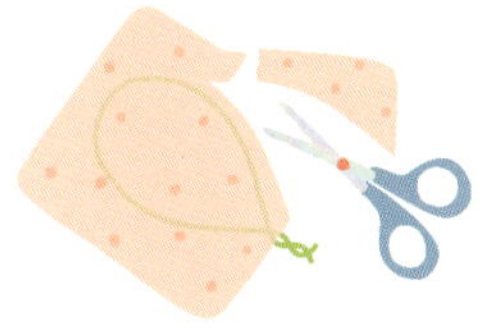

7. 딱딱하게 마른 뒤, 모양대로 잘라주기

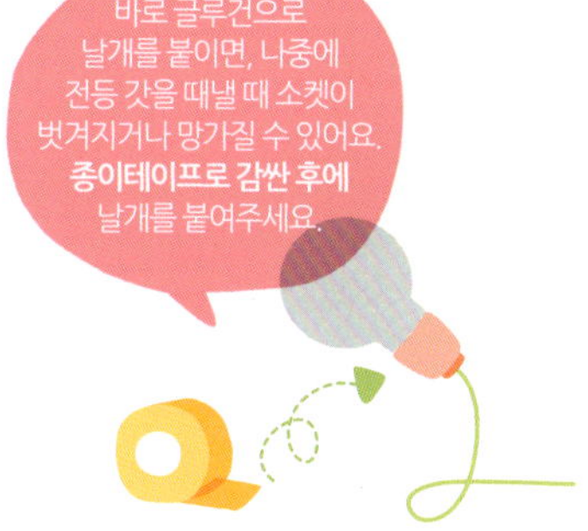

바로 글루건으로 날개를 붙이면, 나중에 전등 갓을 떼낼 때 소켓이 벗겨지거나 망가질 수 있어요. 종이테이프로 감싼 후에 날개를 붙여주세요.

8. 종이테이프로 소켓을 2~3바퀴 감아주기

9. 글루건으로 전구를 감싸듯 소켓에 날개를 붙여주면~

10. 꽃잎 같은 전등갓 완성!

Lace lampshade

짠! 레이스 천으로 만든 하얀색 꽃송이 같은 전등갓이에요.
날개 5개를 붙이고 레이스 끈을 감아서 철사 끝부분을 가려주었어요.
낮에 햇빛이 들어와도 밤에 불을 켜도 참 조용하게 예쁜 조명이에요.
바느질 없이 딱풀로 붙여서 만드는 조명갓,
꼭 한 번 만들어보세요. ☺

stripe lampshade

줄무늬 천으로 만든 단정한 느낌의 전등 갓이에요.
이 전등 갓은 날개 5개를 붙이고, 그 위에 5개를 더 붙여서 완성했어요.
잎이 겹겹이 많아서 그런지 더 풍성해보여요.
안입는 청바지나 프린트가 화사한 원단 등 가지고 있는 자투리천을 사용해보세요.
천의 종류와 날개의 모양에 따라 다양한 조명이 만들어질 거예요.

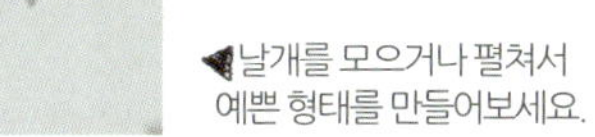

◀ 날개를 모으거나 펼쳐서
예쁜 형태를 만들어보세요.

ONE FINE DAY

Make me!
봄맞이 폼폼 가랜드
● 작업시간 : 30분

3월! 집안으로 들어오는 따스한 햇살에서, 어제 내린 이슬비에서,
창밖 공기 냄새에서도 이제 조금씩 봄을 느낄 수가 있어요.
겨울을 보내고 싱그러운 봄을 맞이 할 때가 되면 부드러운 털실로
봄맞이 폼폼 가랜드를 만들어보아요.
동글동글 귀여운 폼폼이가 봄처럼 공간을 밝고 환하게 만들어줄 거예요.

이렇게 필요해요!

1. 다양한 실

2. 가위

1. 손을 펴서 털실을 도톰하게 돌돌 감아주기

2. 털실을 빼서 가운데 묶어주기

3. 이제 끝부분을 가위로 잘라주고

4. 돌려가면서 동글동글하게
다듬어주면 완성!

하트폼폼 동그랗게 만든 폼폼을 외곽부터
조금씩 잘라서 하트 모양으로 다듬어주세요.

Spring Pom-Pom Garland

●●●● 봄 색깔로 만든 폼폼 가랜드 완성!
커튼봉에 하나씩 달아도 귀엽고, 한 줄이나 두 줄로 길게 연결해서
걸어주면 집 안이 밝고 화사해져요. 두꺼운 옷과 이불을 정리하고
가벼운 카디건을 찾게 되는 이른 봄, ☀ 폼폼 가랜드를 만들어보세요.

사용한 실의 두께와 질감에 따라
다양한 폼폼이를 만들 수 있어요.

Spring pom-pom!

Make me!
폭신폭신 폼폼 러그

● 작업시간 : 60분

동그랗고 폭신한 폼폼으로 러그를 만들었어요.
폼폼을 여러 개 만들어서 그물망에 단단하게 묶어주세요.
너무 부드러워서 자꾸 손으로 쓰다듬게 될 거예요.
여기에 누워 잠들면 포근한 꿈을 꿀 것 같은 러그,
지금 같이 만들어보아요.

그림으로 만들어보아요!

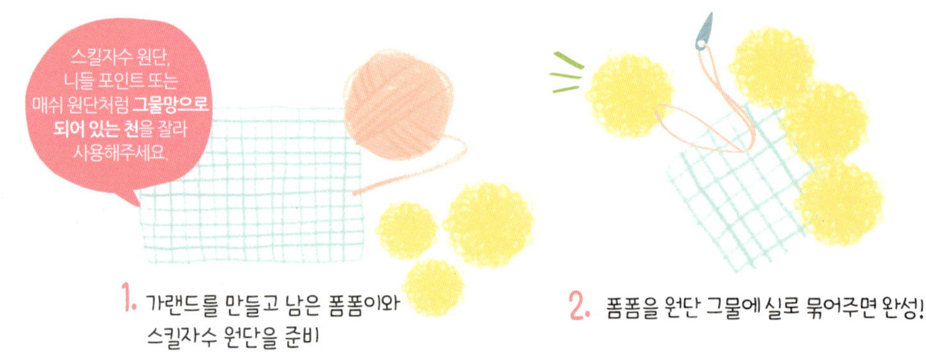

1. 가랜드를 만들고 남은 폼폼이와
   스킬자수 원단을 준비

2. 폼폼을 원단 그물에 실로 묶어주면 완성!

122

Pom-Pom Lug

차분한 느낌의 러그가 만들어졌어요.
러그는 집안을 부드럽게 만들어주는 따스한 소품이죠.
털실 두세 개로 원색 라인이나 기하학 패턴도 넣어서 만들어보세요.

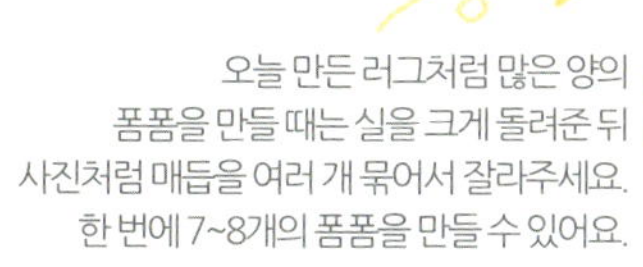

오늘 만든 러그처럼 많은 양의
폼폼을 만들 때는 실을 크게 돌려준 뒤
사진처럼 매듭을 여러 개 묶어서 잘라주세요.
한 번에 7~8개의 폼폼을 만들 수 있어요.

Make me!

방수원단 화분커버

● 작업시간 : 40분

지난주 남대문시장에서 발견한 방수천으로 화분커버를 만들었어요.
화분커버를 만들어주면 생활방수도 되고
화원에서 담아준 붉고 까만 화분들도 깨끗하게 가릴 수 있어 좋아요.
무엇보다 화분이 화사해지고 원단의 구겨짐이 멋스러워서
마음에 쏙드는 근사한 인테리어 소품이 될 거예요.
그럼, 같이 만들어볼까요. ♬

1. 화분과 천을 준비하고,

2. 화분의 둘레와 높이를 재서

3. 크기에 맞게 자르기

4. 안쪽 면을 반접어 옆면 꿰매주기

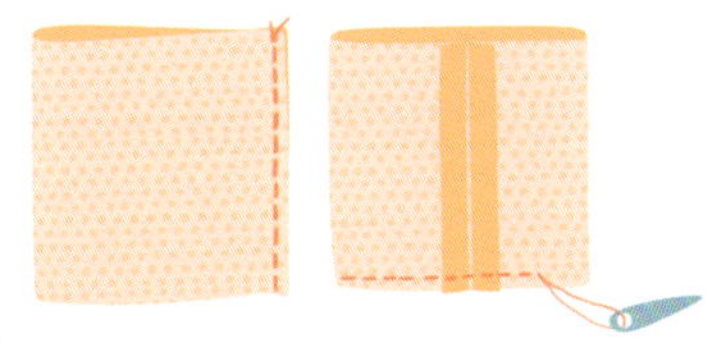
5. 이제 시접을 가운데 두고 밑면 꿰매기

6. 뒤집어서 완성!

7. 윗부분을 화분높이에 맞춰 접고 아일렛을 달아준 뒤,

8. 끈을 넣어 마무리!

Pot Cover

흰 종이 가방처럼 밋밋해 보이지만 방수천의 사각거리는 질감 덕분에
특별한 화분 옷이 되었어요. 돌돌 접기도 하고 쭉 펴보기도 하고,
자연스럽게 구김이 생겨 내추럴한 느낌이에요.
끈과 라벨을 달아서 포인트 소품으로 만들어보세요.
초록 식물들과 잘 어울리는 멋진 짝꿍이 될 거예요.

여러 가지 일회용 플라스틱 화분들을
밝고 화사하게 만들어보세요.

Pot Cover

Make me!
말랑말랑 별 쿠션

● 작업시간 : 50분

이사 오면서 전에 달았던 커튼을 못 쓰게 되었어요. 이 커튼천이 아까워 만들게 된 별 쿠션,
홈질 하나로 만든 기본 쿠션인데 부드러운 촉감이 좋아서 자꾸 손이 가요.
주말에 틈틈이 만들어 두면 놀러온 친구들이 하나씩 들고 가는 인기 많은 별이에요.
5살 조카가 가득 껴안고 놓지 않던 말랑말랑 별 쿠션,
집에 남아 있는 천이나 안 입는 옷을 잘라서 같이 만들어보아요.

1. 천을 반으로 접어 별을 그려주기

2. 별 라인에서 1cm 떨어진 바깥 가장자리를 따라 자르기

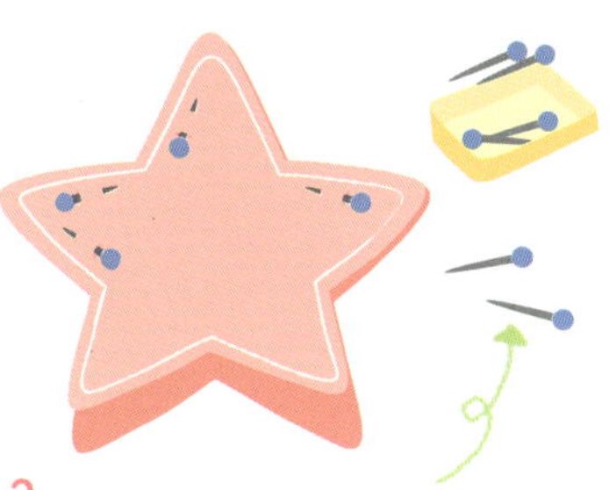

3. 이제 천 두 면을 시침핀으로 고정하고

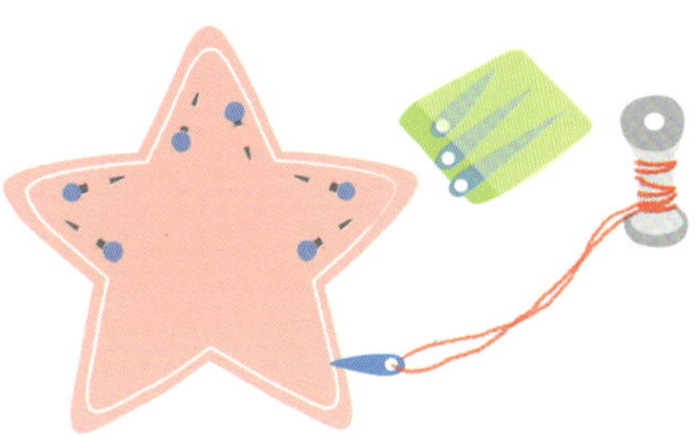

4. 별 라인을 따라 홈질하기

5. 별 한 쪽을 남기고 솜 넣어주기

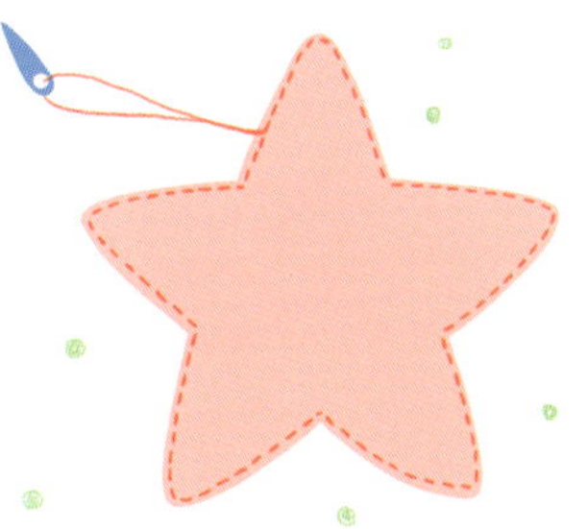

6. 남은 부분도 바느질해주면 토실토실 별 쿠션 완성!

Star Cushion

커튼 천으로 만든 별 쿠션! 울퉁불퉁 하지만 말랑하고 참 부드러워요.
침대와 의자에 한 개씩 놓아두면 포인트 소품으로도 좋아요.
작게 만든 쿠션에는 러그를 만들고 남은 폼폼이를 붙여줬어요.
바느질 솜씨 없이도 만드는 쿠션, 좋아하는 모양으로 만들어보세요 ♫

130

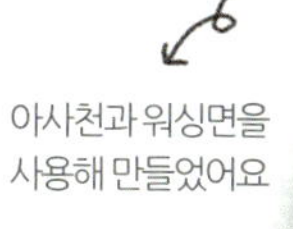

아사천과 워싱면을
사용해 만들었어요

Make me!
ONEFINEDAY

05

Make me!
봄과 여름 가랜드

● 작업시간 : 봄과 여름 모두 20~30분

보드라운 바람이 불어와 꽃향기가 나는 봄봄봄!
봄이 다가와 꽃시장에 가면 알록달록 꽃들이 가득해요. 상큼한 튤립과
싱그러운 유칼립투스, 그리고 이른 봄 꼭 찾게 되는 몽글몽글 라넌큘라스를
두 묶음을 사서 랄랄라 집으로 돌아오기!
줄기를 사선으로 잘라 물이 담긴 화병에 가득 꽂아두고
남은 꽃으로는 끈을 묶어 가랜드로 만들었어요.

따스한 봄날, 꽃 가랜드를 달아보세요. ♬

그림으로 만들어보아요!

1. 좋아하는 꽃을 준비하고,

2. 끈으로 줄줄이 묶어주기!

꽃 가랜드

라넌큘러스 한 묶음(11송이 4,500원 정도)으로 만든 가랜드예요.
언제나 예쁜 꽃이지만 이렇게 줄줄이 연결해 걸어두면 또 다른 느낌으로 꽃을 즐길 수 있어요.

이른 아침에 올라간 여름의 깊은 숲속에는
하얀안개가 폭신한 구름처럼 얼굴에 닿아 사라지고
짙은 초록색 잎과 따뜻한 이끼 냄새로 가득해요.
몸과 마음이 맑아지는 느낌!
오늘은 이 숲속 잎으로 여름 가랜드를 만들어보아요.

그림으로 만들어보아요!

1. 숲에서 주워온 잎들을 모아
물기를 닦아주고,

2. 끈으로 줄줄이 묶어주기!

내추럴 가랜드

잎을 묶어주는 끈과 벽에 고정하는 테이프의 색으로 포인트를 주면 더 상큼한 가랜드로 완성돼요.
종류가 서로 다른 잎을 함께 걸어두어도 새로운 느낌을 낼 수 있어요.

잎과 가지 구하기

나무들이 무성해지는 5~6월쯤, 산에 올라가면 길 주변으로 자른 나뭇가지와 잎들이 쌓여 있어요.
많은 양이 필요할 때는 구청에 문의해서 가지치기한 가로수 나뭇가지를 얻을 수 있어요.

Make me!
가을과 겨울 가랜드

● 작업시간 : 가을 가랜드 40분(+ 왁스 마르는 시간 하루)
　　　　　　겨울 가랜드 20분

가을이 되면 파란 하늘과 청량해진 공기, 그리고 단풍잎들이 물들기 시작해요.
오늘은 빙글빙글 떨어지는 단풍잎을 모아 가을 가랜드를 만들어볼까요.
예쁘게 물든 잎의 색과 모양을 더 오래 유지시키기 위해서 왁스코팅도 해볼 거예요.
가을색이 담뿍 담긴 단풍잎으로 집안을 알록달록하게 만들어보아요.

1. 가을잎

2. 막대초 또는
캔들왁스

3. 끈

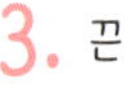

쓰고남은 초의 조각들을
모아서 사용해주세요.
캔들왁스로 만들 때는 꼭 **필라용**
(용기에 들어 있지 않고,
기둥처럼 세울 수 있는 초)을
준비해주세요.

138

1. 주워온 잎의 물기 닦아주기

2. 초 조각을 약한 불에 녹이기

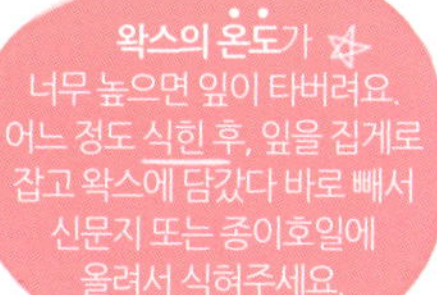

3. 왁스에 잎 퐁당 넣었다 꺼내기

4. 왁스 굳히는 중

5. 실로 묶어서 가랜드 완성!

왁스 코팅

주워온 단풍잎은 일주일이 지나지 않아 마르고 색이 변해버려요.
안 쓰는 몽당 막대초를 녹여서 이렇게 코팅을 해주면
가을이 지나 겨울이 올 때까지도 색과 형태가 그대로 유지돼요.
왁스코팅을 할 때 너무 얇은 잎은 형태가 틀어지거나 색이 변할 수 있지만
우리가 주울 수 있는 대부분의 잎들은 그대로 예쁘게 코팅돼요.

Autumn Garland

알록달록 가을잎 가랜드, 옆으로 길게 줄줄이 연결하거나 하나씩 아래도 달아주어도 좋아요.
빨강, 노랑, 주황 잎뿐만 아니라 초록 잎도 한두 개 같이 달아주면 색이 더 싱그러워질 거예요.
하얀 눈이 내릴 때까지 예쁜 가을을 집 안에 달아주세요.

하얀 눈이 소복소복 내리는 겨울이 오면 크리스마스를 기다려요.
트리를 꺼내고 솔방울과 별을 달아 리본으로 묶어주기!
오늘은 눈이 내린 숲속의 솔방울을 주워와 겨울 내내 사랑받을 가랜드를 만들어보아요.
크리스마스에도 잘 어울리는 장식이 될 거예요.

그림으로 만들어보아요!

1. 주워온 솔방울의 물기를 말리고,

2. 끈으로 묶어주기!

Winter Pinecones

토독토독 눈속에 떨어진 솔방울을 주워와 달아주었어요.
가까이 가면 쌉싸름한 겨울 냄새가 스며 있어요.
빨강 초록 트와인 실로 묶어주면 크리스마스 장식으로도 좋겠죠?
쉽고 간단하지만 짙은 겨울만이 줄 수 있는 분위기를 만들어줄 거예요.

Make me!
과일과 나뭇잎 캔들

● 작업시간 : 과일 캔들 50분 (+ 왁스 굳는 시간 하루)
　　　　　　나뭇잎 캔들 10분

자몽 3개와 레몬 5개로 과일청을 담았어요.
남은 과일껍질은 캔들 만들기!!
향을 넣지 않아도 상큼함이 가득한 캔들이 완성돼요.
자몽, 레몬, 유자, 오렌지처럼 감귤류 과일들은 모두 만들 수 있어요.
새콤달콤한 과일 옷을 입은 캔들, 제철과일로 함께 만들어봐요 ♬

144

1. 새콤달콤 자몽 준비!
반을 잘라 과육 분리하기

2. 껍질 안을 정리하면 왁스를
담을 과일 그릇이 완성!

3. 약한 불에 왁스 녹이기

4. 녹인 왁스를(53~55도 사이)
자몽 그릇에 부어주기

5. 왁스가 반쯤 굳어갈 때
심지를 꽂아서 젓가락으로
고정하기!

6. 완전히 굳으면,
새콤달콤 과일 캔들 완성!

Citrus Candles

과일의 새콤달콤함이 가득한 캔들이에요.
향 오일을 따로 넣지 않아도 자몽과 레몬의 향이 진하게 스며 있어요.
왁스에 벌레가 싫어하는 에센셜 오일을 넣어주면 천연 모기 퇴치제로도
사용할 수 있는 캔들이 만들어져요.

벌레 쫓는 캔들

3번 과정 왁스를 녹인 후 그릇에 부어주기 전 56~58도 사이에
시트로넬라와 레몬그라스를 왁스 양 대비 5~7% 정도 넣어주세요.
너무 높은 온도에 넣어주면 오일이 날아가 버려요.
오일을 넣은 왁스는 충분히 잘 섞어준 뒤에 과일 그릇에 부어주세요.

Summer Candle

비가 자주 내리는 여름 창가에 올려 사용해보세요.
상큼한 향과 캔들의 제습효과로 기분이 산뜻해질 거예요.
오늘 냉장고에 있는 과일의 껍질로 만들어보세요.
남은 과육으로는 달콤한 과일청 만들기! 즐거운 하루가 될 거예요. ♫

*과일 캔들은 차를 마시거나 식사를 할때처럼 지켜볼 수 있는 곳에서 사용해주세요.
캔들의 4/5 정도까지만 사용하고, 캔들의 불꽃은 조심 또 조심해주세요.

숲속 산책길은 계절마다 그 모습이 달라져요.
봄이 오면 하얗게 내려앉은 벚꽃과 그다음은 아카시아, 여름에는 온통 초록과 풀벌레,
가을은 알록달록 물든 잎과 작은 연두색 열매 그리고 겨울에는 타닥타닥 밟히는 마른 나뭇가지들.
오늘은 예쁘게 물든 단풍잎을 가지고 내려왔어요.
물기를 닦아 말리고 유리컵에 붙여서 캔들을 만들어보아요.

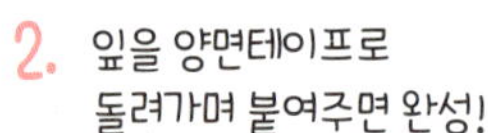

1. 유리컵과 말린 단풍잎을 준비하고,

2. 잎을 양면테이프로
돌려가며 붙여주면 완성!

Leaves Candle

단풍잎을 붙이고 실로 묶어서 라벨을 달아주었어요.
작은 캔들을 넣어 불을 켜면, 알록달록 가을빛이 가득해져요.
산책길에 주워온 잎으로 만들어보세요.
항상 짧아서 아쉬운 가을을 더 오래 담을 수 있을 거예요.

겨울 나뭇가지 별

● 작업시간 : 20~30분

타닥타닥 소리 나면서 밟히는 겨울 나뭇가지를 좋아해요.
내추럴한 소품을 만들수 있고 큰 나뭇가지는 벽에 세워놓기만 해도 멋스러워요.
나무로 만든 소품은 집안을 편안하게 만들어주는 자연스러움이 있는 것 같아요.
오늘은 이 나뭇가지들을 묶어서 간단하게 별을 만들어보아요.
겨울에 어울리는 별이 되어줄 거예요.

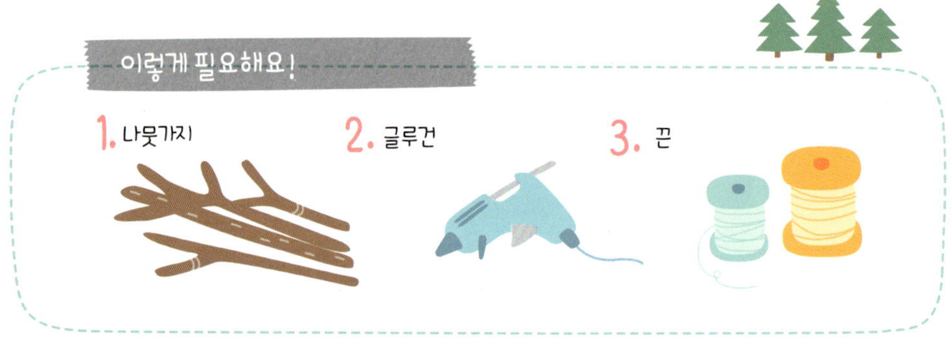

1. 주워온 나뭇가지를 준비하고 잔가지 정리해주기

2. 길이가 비슷한 가지 5개를 별 모양으로 이리저리 맞춰보기

3. 자리가 잡혔으면, 나뭇가지가 서로 만나는 부분을 글루건으로 붙여주기

4. 끈으로 한 번 더 묶어주기

5. 나뭇가지 별 완성!

⚠ 가지가 휘어져 있고 두께가 달라서 반듯한 별이 만들어지지는 않아요. 자연스럽게 형태를 잡아주세요.

star with branches

굵기와 길이가 비슷한 나뭇가지들을 모아 작은 별 3개와 큰 별 1개를 만들었어요.
가장 작은 별은 선반 위에 세워 놓았는데 크리스마스가 오면 트리 위에 달아도 참 예쁠 거 같아요.
이 나뭇가지 별을 만들던 날은 함박 눈이 내렸어요. 하얀 창가에도 끈을 길게 달아 묶어주고,
남은 가장 큰 별을 거실 의자에 기대놓았어요.
집안을 편안하고 내추럴하게 만들어 주는 나무별, 꼭 만들어보세요.

나뭇가지 겨울 캔들

별을 만들고 남은 나뭇가지는 손으로 톡톡 작게 잘라서 컵 주변에 붙여주세요.
초를 넣어주면 나뭇가지 사이로 새어나오는 빛이 참 예쁜 캔들이 만들어져요.
끈으로 둘러주거나 라벨을 붙여서 마무리해주세요.

star with branches

Make me!
잎맥이 보이는 그물잎 

● 작업시간 : 10분 (기다리는 시간 3개월 : 5~9월 사이)

어릴적 할머니가 만들어 주시던 투명한 그물잎이에요.
바로 씻어낸 잎으로 하늘을 올려다보면 그물 사이로 햇살이 반짝이던 기억이 나요.
책에 끼워서 편지에 넣어서, 가끔 선물상자에 라벨처럼 달아주고 있어요.
이 잎은 뜨거운 여름의 햇빛과 바람 그리고 3개월의 시간으로 만들어져요.
그래서인지 여름 냄새가 짙게 묻어 있는 그물잎, 같이 만들어보아요.

1. 벤자민 고무나무의
떨어진 잎들을 모아서

2. 큰 그릇에 담기

3. 작은 돌을 위에 올리고

4. 잎이 푹 잠길 만큼 물을 넣어주고,
햇빛과 바람이 잘 들어오는 곳에 두기

5. 2~3개월 기다리면서
물이 말라 있으면 넣어주기

6. 기다림 끝!
칫솔로 살살 문질러주기

7. 물로 씻어주면
뽀얗고 하얀 그물잎이 완성!

Leaf Vein

여름의 3개월이 지나 만들어진 그물잎이에요.
반투명한 하얀색 그대로도 예쁘고 물을 들일 수도 있어요.
완성한 그물잎은 지퍼백에 넣어 보관하면서 필요할 때마다 꺼내주세요.
좋아하는 향수를 한두 방울 같이 넣으면 은은한 향이 베어요.
기다리는 시간은 오래 걸리지만 그만큼의 따스한 햇살과 바람이 담긴
부드러운 소품이 만들어질 거예요.

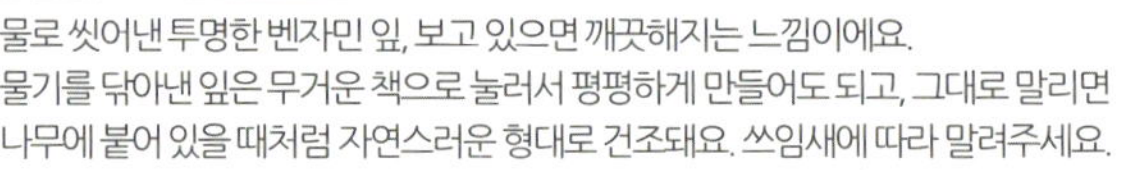

물로 씻어낸 투명한 벤자민 잎, 보고 있으면 깨끗해지는 느낌이에요.
물기를 닦아낸 잎은 무거운 책으로 눌러서 평평하게 만들어도 되고, 그대로 말리면
나무에 붙어 있을 때처럼 자연스러운 형대로 건조돼요. 쓰임새에 따라 말려주세요.

Make me!
ONEFINEDAY

06
다시 찾은 색다른 매력
재활용

Make me!
손잡이 캔들 받침

● 작업시간 : 50분 (+ 젯소 마르는 시간 1시간)

재활용 - 안쓰는 손잡이컵과 작은 접시 사용해 만들기

동화 속 주인공이 들고 다녔을 것 같은 캔들 받침을 만들었어요.
손잡이가 있어서 들고 다니기 편하고 커다란 초를 올려 사용할 수 있어요.
이 캔들 받침은 낡고 오래돼서 쓰지 않는 식기들을 사용해서 만들 거예요.
주방 찬장 깊은 곳에 있는 손잡이컵과 작은 접시를 찾아주세요.

1. 손잡이컵과 작은 접시

2. 젯소

1. 손잡이컵과 작은 접시를 준비하고

2. 깨져서 홈이 있는 부분은
   사포로 부드럽게 갈아주기

3. 컵과 접시 합체!

4. 이제 젯소 2~3회 고르게 발라주기

5. 잘 말려준 뒤에

6. 아크릴 물감으로 색을 칠하거나
   패턴을 그려서 완성!

Candle Tray

플라스틱컵과 작은 접시로 만든 캔들 받침이에요.
젯소를 2회 발라준 뒤 검정색 유성 색연필로 선을 그려넣었어요.
바니시로 코팅을 한 번 해주면 색의 번짐이나 벗겨짐 없이 사용할 수 있어요.
깨끗하고 모던한 느낌, 크고 작은 초를 올려 사용해보세요.

붙여주는 컵과 접시의 모양에 따라 ▶
다양한 형태의 캔들 받침이 만들어져요.

Black Tray

높이가 있는 컵으로 만든 받침은 칠판 페인트를 칠했어요.
칠판 페인트의 깊은 검은색과 매트한 질감이 시크한 분위기를 만들어주는
것 같아요. 분필로 글씨를 적거나 그림을 그려서 특별한 날
재미있는 소품으로 사용해보세요.

Make me!

미니 풍선화병

● 작업시간 : 10분

재활용 - 컵과 풍선으로 만들기

친구들과 생일파티를 하고 나면 한가득 남게 되는 풍선,
이 알록달록 풍선으로 무얼 할 수 있을까?
오늘은 풍선을 사용해서 쉽고 간단한 미니화병을 만들어보아요.

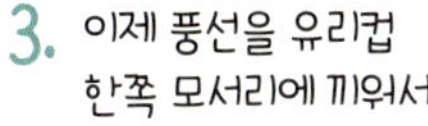

1. 풍선과 유리컵을 준비하고,

2. 풍선의 끝부분 잘라주기!

3. 이제 풍선을 유리컵
   한쪽 모서리에 끼워서

4. 쭈욱 밀어 넣어주면 끝!

Balloon Vase

짠! 풍선 옷을 입은 화병이 만들어졌어요.
귀염상큼하고 깔끔하게 떨어지는 미니멀한 화병이에요.
펄풍선으로 만들면 은은하게 빛나는 반짝임이 참 예뻐요.
물을 담아 작은 들꽃이나 풀잎을 넣어주세요.♬

풍선화병
유리컵의 크기와 모양대로
둥글고 네모난 화병이 만들어져요.

Balloon Vase

Make me!
크레용 레고친구

● 작업시간 : 10분 (+ 오븐에 녹이는 시간 10~20분)

재활용 - 몽당 크레파스 사용해 만들기

크레파스를 녹여서 레고 모양의 장난감을 만들었어요.
책상 위나 선반 위에 하나씩 세워두면 귀여운 소품이 되고
다시 색을 칠할 수 있어서 아이들에게도 좋은 선물이 될 수 있어요.
그럼 그동안 모아온 몽당 크레파스로 레고친구들을 만들어볼까요.

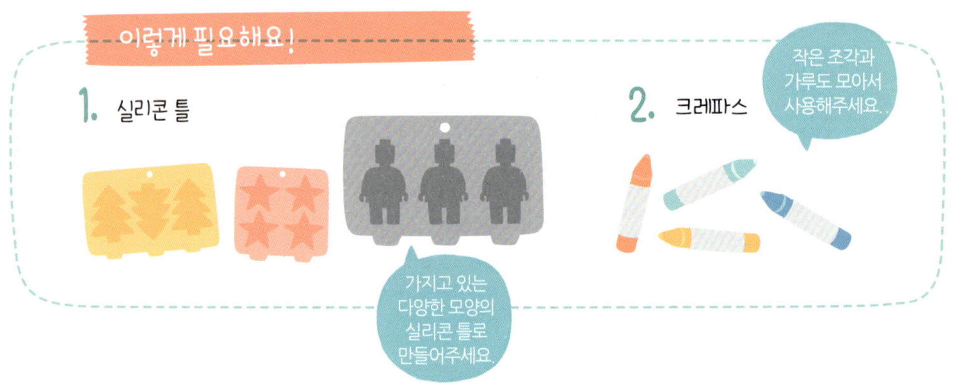

1. 모아둔 몽당 크레파스를 꺼내고

2. 레고 모양 실리콘 틀 준비!

3. 이제 크레파스를 잘게자르기

4. 틀 안에 쏙쏙 넣어주기

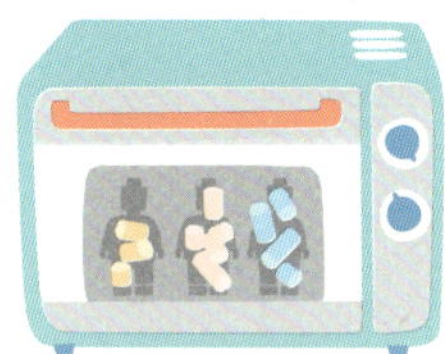
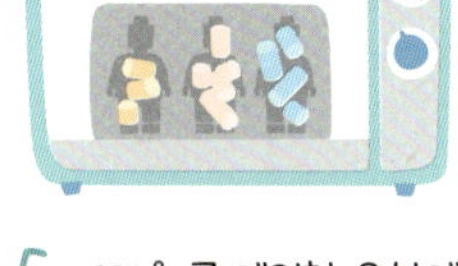

5. 170℃ 로 예열한 오븐에
10~20분 돌려주면

6. 짠! 이렇게 예쁘게 녹아서 나와요.

7. 이제 식혀서 틀에서 빼주면
레고친구들 완성!

Crayon Lego toys!

짠! 레고친구들!
크레파스를 똑똑 잘라서 틀 안에 넣고 오븐에 넣어주면
이렇게 귀여운 장난감이 만들어져요.
한두 개씩 짝을 지어 책상과 창틀에 올려주세요.
다시 크레파스로 사용할 수도 있어요.♬

▲ 다시 예쁜 그림을
그릴 수 있어요!

Make me!
택배 종이 파티 폼폼

● 작업시간 : 10분

재활용 - 택배상자 종이로 만들기

택배상자를 열 때마다 들어있는 얇고 사각거리는 종이,
어제 받은 유리컵 상자에는 10장이 넘게 들어 있었어요.
버리기 아까워 모아둔 이 종이로 파티에 장식할 수 있는 폼폼을 만들어보아요.
종이가 구겨지고 조금 찢어져 있어도 괜찮아요.
여러 가지 색으로 만들어 달아주면 즐거운 파티 분위기가 날 거예요.
만들기도 참 쉬운 종이 폼폼, 시작해볼게요.

1. 종이, 가위, 고정끈 준비!

2. 종이를 약 15×20cm로 잘라서
   여러 장으로 만들기

3. 아코디언처럼 지그재그로
   촘촘히 접어주기

4. 중간 부분 끈으로 고정!

5. 양쪽 끝 둥글게 가위로 오려주기

6. 이제 한 쪽씩 쏙쏙 부드럽게 올려주고
   동그랗게 모양을 잡아주기

7. 끝에 실을 매달면 파티 폼폼이 완성!

Paper pom-pom

끈을 달아준 폼폼은 종이 끝을 가볍게 잡아 당겨서 풍성하게
만들어주세요. 이름처럼 분위기를 화사하게 만들어주는 폼폼!
종이상자에 포장지로 들어있는 얇은 종이로
생일파티와 가족모임에 만들어보세요.

◀ 크기와 색이 다른
  포장지를 모아보세요.
  즐거운 폼폼을 만들 수 있어요.

선물포장 폼폼 크기를 작게 만들어서 생일카드나 포장상자에 붙여주세요. 더욱 더 특별한 선물이 될 거예요.

어느 멋진 날의 인테리어 소품 아이디어

초판 1쇄 발행 2016년 7월 10일

지은이 배연두
펴낸이 이지은
펴낸곳 팜파스
기획·진행 이진아
편집 정은아
디자인 박진희, 배연두
마케팅 정우룡, 김은지
인쇄 (주)미광원색사

출판등록 2002년 12월 30일 제10-2536호
주소 서울시 마포구 어울마당로5길 18 팜파스빌딩 2층
대표전화 02-335-3681
팩스 02-335-3743
홈페이지 www.pampasbook.com ㅣ blog.naver.com/pampasbook
이메일 pampas@pampasbook.com ㅣ pampasbook@naver.com

값 15,800원
ISBN 979-11-7026-095-0 13590

이 도서의 국립중앙도서관 출판예정도서목록(CIP)은 서지정보유통지원시스템 홈페이지
(http://seoji.nl.go.kr)와 국가자료공동목록시스템(http://www.nl.go.kr/kolisnet)에서
이용하실 수 있습니다.(CIP제어번호: CIP2016014642)